土木建筑大类专业系列新形态教材

# 防水工程施工

周 征 ▢ 主 编

清华大学出版社
北 京

内 容 简 介

本书根据现行国家标准规范,以防水工程施工项目、案例组织教学内容,注重引入新材料、新工艺、新技术等内容。全书分为5个模块,内容包括防水材料认知、防水构造设计、防水施工工艺、防水施工质量验收、防水施工实训。在内容组织形式上,采用模块化教学、任务驱动的编写理念,每个任务后附有任务单,突出实用性和实践性,体现了"做中教,做中学"的职业教育特色。

本书可作为高等职业院校土木建筑大类专业的教学用书,也可作为建筑防水行业岗位培训的教材或参考用书。

**图书在版编目(CIP)数据**

防水工程施工 / 周征主编. —北京 : 清华大学出版社,2024.3
土木建筑大类专业系列新形态教材
ISBN 978-7-302-65255-7

Ⅰ.①防… Ⅱ.①周… Ⅲ.①建筑防水-工程施工-教材 Ⅳ.①TU761.1

中国国家版本馆 CIP 数据核字(2024)第 034628 号

责任编辑:杜 晓
封面设计:曹 来
责任校对:李 梅
责任印制:刘 菲

出版发行:清华大学出版社
  网  址:https://www.tup.com.cn,https://www.wqxuetang.com
  地  址:北京清华大学学研大厦 A 座    邮  编:100084
  社 总 机:010-83470000       邮  购:010-62786544
  投稿与读者服务:010-62776969,c-service@tup.tsinghua.edu.cn
  质量反馈:010-62772015,zhiliang@tup.tsinghua.edu.cn
  课件下载:https://www.tup.com.cn,010-83470410
印 装 者:三河市人民印务有限公司
经  销:全国新华书店
开  本:185mm×260mm    印  张:13.25    字  数:299 千字
版  次:2024 年 5 月第 1 版      印  次:2024 年 5 月第 1 次印刷
定  价:49.00 元

产品编号:104443-01

# 前　言

　　防水工程施工作为建筑施工中的重要组成部分,在整个建筑工程中属于分部、分项工程,具有相对的独立性。随着现代建筑信息技术的快速发展,有关标准、规范更新较快。2022年10月,住房和城乡建设部发文批准《建筑与市政工程防水通用规范》,编号为GB 55030—2022,自2023年4月1日起实施,推动了"防水工程施工"课程教学改革。

　　本书贯彻落实党的二十大报告精神,以现行国家标准规范为依据,以防水工程施工项目、案例为载体组织教学内容,加入了装配式建筑防水施工的内容,采用模块化、任务化的编写形式,注重引入行业发展的新知识、新技术、新成果,反映防水工程师岗位及典型工作任务的职业能力要求。

　　本书由校企"双元"联合开发,参考了大量防水行业工程实践案例,充分体现了产教融合的特点。在内容安排和组织形式上,采用了"理实一体化"编排,遵循学习目标体现需求导向,学习内容体现工作任务导向,更加强调学习与实践之间的匹配性,让整个教学活动的"学生中心化"色彩更加明显,真正实现教学过程与生产施工过程对接。本书主要有以下特点。

　　(1)可操作性强。编者与企业共同研讨制定本书大纲及编写标准,共同完成编写任务,有效助推学用对接。本书结合了我国当前防水工程施工的实际工程,每个模块任务都设置了真实案例,力求理论联系实际,注重实践能力的培养,突出针对性和实用性。

　　(2)模块化、任务式编排。分模块、任务安排书中内容,图文并茂,每个任务配有工作任务单和习题,定位上充分体现"以就业为向导,以能力为本位,以学生为中心"的风格。

　　(3)"互联网＋"数字化引领。本书嵌入微课等数字资源,通过手机扫描二维码,学生可以反复自主学习,为师生开展线上线下混合教学、翻转课堂等教学创新奠定了基础,助力"移动互联"教育教学模式改革。

　　(4)思政育人。本书融入企业典型工作任务,学生体会一线建设者的辛苦,树立劳动出成果的劳动价值观,将爱岗、敬业、法治、诚信的价值观内化于心,形成专注、执着、守规、创新的职业素养,达到思政育人的目标。

　　本书获得江苏城乡建设职业学院重点教材建设项目资助,由江苏城乡建设职业学院和北京东方雨虹防水技术股份有限公司合作编写。江苏城乡建设职业学院周征担任主编并统稿,北京东方雨虹防水技术股份有限公司周园、江苏城乡建设职业学院蔡雷担任副主编,具体分工如下:任务1.1、任务1.2、任务2.1、任务2.2、任务3.5、任务3.6、任务3.7、任务3.8、任务4.2、任务5.1、任务5.2由周征编写;任务3.1、任务3.3、任务3.4、任务4.1由蔡雷编写;任务 3.2 由周园、蔡雷编写。

　　在本书编写过程中,北京东方雨虹防水技术股份有限公司张立提供了部分素材,同时参考了国内外同类书籍与资料,吸收了同行专家的最新研究成果,在此表示衷心的感谢!由于编者水平有限,书中不妥之处在所难免,衷心地希望广大读者批评指正。

编　者

**2024** 年 1 月

# 目  录

# 模块 1 防水材料认知

思维导图

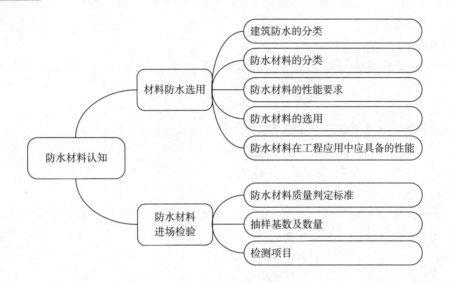

防水材料认知
- 材料防水选用
  - 建筑防水的分类
  - 防水材料的分类
  - 防水材料的性能要求
  - 防水材料的选用
  - 防水材料在工程应用中应具备的性能
- 防水材料进场检验
  - 防水材料质量判定标准
  - 抽样基数及数量
  - 检测项目

## 任务 1.1 选用防水材料

**知识目标**

1. 了解建筑防水的分类；

2. 熟悉防水材料选用的原则；

3. 掌握常用建筑防水材料分类及其性能。

**能力目标**

1. 能根据建筑类别、防水等级和防水项目正确选用防水材料；

2. 能辨别防水材料的真伪。

**思政目标**

1. 树立"绿色、环保、节能"意识和质量意识；

2. 养成节约资源的习惯；

3. 培养一丝不苟、精益求精的工匠精神。

▶ 相关知识链接

微课

▶ 思想政治素养养成

结合现实生活中房屋渗漏水的案例,明白防水材料的重要性。在选择防水材料时,自觉选择绿色、环保、节能材料,杜绝假冒伪劣产品;在使用卷材的过程中,要节能、不浪费,养成节约资源的习惯。

▶ 任务描述

某校新校区教学楼和食堂存在不同程度的漏水情况,不能交付。为此,该校不得不在暑假期间进行返修。

**思考:**

1. 该校新校区出现漏水的原因是什么?

2. 应该选择什么防水材料进行治理?

3. 在防水施工过程中,要注意什么问题?

▶ 岗位技能点

1. 熟知各类防水材料的特点;

2. 能判别各类防水材料的适用范围。

▶ 任务点

1. 防水材料分类;

2. 防水材料性能;

3. 防水材料选用。

▶ 任务前测

1. 建筑防水材料按其材性和外观形态分为几类? 分别是什么?

_____

_____

_____

_____

2. 高聚物改性沥青防水卷材的概念、分类、特点、适用范围分别是什么?

_____

_____

_____

_____

3. 防水涂料的分类、特点、适用范围分别是什么?

4. 常见的密封材料的性能是什么?

5. 止水带的分类及标记方法是什么?

6. 在选择防水材料时,应考虑哪些因素?

7. 防水材料在工程应用中应具备哪些性能?

预习笔记

完成任务所需的支撑知识

### 1.1.1　建筑防水的分类

**1. 材料防水**

把防水材料铺贴或涂布在防水工程的迎水面上,可以形成封闭的防水层,从而阻断水的通路。防水材料分为柔性防水材料(防水卷材、防水涂料等)和刚性防水材料(防水混凝土、防水砂浆等)。在施工时,常采用"刚柔结合,多道设防,综合治理"的加强措施。

**2. 构造自防水**

(1) 依靠建(构)筑物结构(如底板、墙、顶板等)自身的密实性;

(2) 采取不同的构造形式(如采取坡度、盲沟排水、离壁式衬墙等)阻断水的通路;

(3) 在接缝、各部位和构件之间设置变形缝,对节点细部进行构造防水处理。

### 1.1.2　防水材料的分类

建筑防水材料按其材性和外观形态分为防水卷材、防水涂料、防水混凝土、防水砂浆、密封材料和止水材料,如图 1-1～图 1-6 所示。

图 1-1　防水卷材

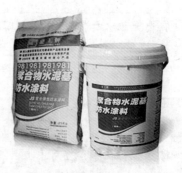

图 1-2　防水涂料

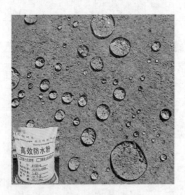

图 1-3　防水混凝土

图 1-4　防水砂浆

图1-5 密封材料

图1-6 止水材料

**1. 防水卷材**

防水卷材是指可卷曲成卷状的柔性防水材料,常用的防水卷材有高聚物改性沥青防水卷材和合成高分子防水卷材两大系列。传统的沥青防水卷材因存在拉伸强度低、延伸率小、耐老化性差、使用寿命短等缺点,已不用于建筑物的防水层中。防水卷材分类如图1-7所示。

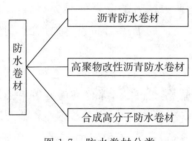

图1-7 防水卷材分类

1)高聚物改性沥青防水卷材

制作:在沥青中掺加聚合物,可以改变沥青的胶体分散结构和成分,增加聚合物分子链的移动性、弹性和塑性。常用的改性材料有 SBS、APP、APO、APAO、IPP、天然橡胶、氯丁胶、丁苯橡胶、丁基橡胶、乙丙橡胶等高分子聚合物。

性能:具有高温不流淌、低温不脆裂,刚性、机械强度、低温延伸性有所提高,负温下柔韧性增大,使用寿命长等特点。

应用:是新型防水材料中使用比例最高的一类。目前,弹性体(SBS)改性沥青防水卷材、塑性体(APP)改性沥青防水卷材在工程中的应用最为广泛。

(1)弹性体(SBS)改性沥青防水卷材。

弹性体(SBS)改性沥青防水卷材是用聚酯毡或玻纤毡为胎基,以 SBS 弹性体作改性剂,两面覆以隔离材料制成的卷材,简称为 SBS 卷材。SBS 卷材属于高性能防水材料,具有良好的耐候性,可耐穿刺、硌伤和疲劳,出现裂缝会自行愈合,综合性能好,广泛应用于各种领域和类型的防水工程。

① 弹性体(SBS)改性沥青防水卷材的类型。SBS 卷材按胎基分为聚酯毡(PY)、玻纤毡(G)、玻纤增强聚酯毡(PYG)。SBS 卷材按上表面隔离材料分为聚乙烯膜(PE)、细砂(S)、矿物粒料(M);按下表面隔离材料分为细砂(S)、聚乙烯膜(PE)。其中,细砂为粒径不

超过 0.60mm 的矿物粒料。SBS 卷材按材料性能分为Ⅰ型和Ⅱ型。

② 弹性体(SBS)改性沥青防水卷材的规格。卷材公称宽度为 1000mm。聚酯毡卷材公称厚度为 3mm、4mm、5mm。玻纤毡卷材公称厚度为 3mm、4mm。玻纤增强聚酯毡卷材公称厚度为 5mm。每卷卷材公称面积为 7.5m²、10m²、15m²。

③ 弹性体(SBS)改性沥青防水卷材按照名称、型号、胎基、上表面材料、下表面材料、厚度、面积和本标准编号顺序标记。示例:10m² 面积、3mm 厚、上表面材料为矿物粒料、下表面材料为聚乙烯膜聚酯毡Ⅰ型弹性体改性沥青防水卷材标记为"SBS Ⅰ PY M PE 3 10 GB18242—2008"。

(2) 塑性体(APP)改性沥青防水卷材。

塑性体(APP)改性沥青防水卷材是用聚酯毡或玻纤毡为胎基,无规聚丙烯(APP)或聚烯烃类聚合物作改性剂,两面覆以隔离材料所制成的防水卷材,简称为 APP 卷材。该类卷材具有良好的耐高温性能和较好的柔韧性,耐撕裂、耐穿刺、耐紫外线照射等,与 SBS 卷材一样,应用比较广泛,尤其适用于强阳光照射的炎热地区。

2) 合成高分子防水卷材

制作:以合成橡胶、合成树脂或两者的混合体系为基料,加入适量的化学助剂和填充料等,经过橡胶或塑料加工工艺,制成的无胎加筋或不加筋的弹性或塑性的卷材,统称为合成高分子防水卷材。

性能:合成高分子卷材属于高效能、高档次防水卷材,具有拉伸强度高,断裂伸长率大,耐热性和低温柔性好,使用寿命长,低污染,综合性能好等特点。

应用:合成高分子防水卷材主要有三元乙丙橡胶、聚氯乙烯、氯化聚乙烯,还有橡塑共混以及聚乙烯丙纶、土工膜类等,适用于各种屋面防水,但不适用于屋面有复杂设施、平面标高多变和小面积防水工程。

**2. 防水涂料**

防水涂料是一种流态或半流态物质,涂布在基层表面,经溶剂或水分挥发或各组分间的化学反应,形成有一定弹性和厚度的连续薄膜,使基层表面与水隔绝,起到防水、防潮的作用。

防水涂料按液态分为水乳型、溶剂型和反应型三种;按成膜物质的主要成分可分为沥青类、高聚物改性沥青类和合成高分子类;按涂膜厚度可分为薄质涂料和厚质涂料。水乳型、溶剂型和反应型防水涂料性能比较如表 1-1 所示。

表 1-1　水乳型、溶剂型和反应型防水涂料性能比较

| 类　型 | 性　　　能 |
| --- | --- |
| 水乳型涂料 | 主要成膜物质悬浮在水中形成乳液状涂料,涂膜是通过水分挥发、乳胶颗粒接近、接触、变形等过程而形成,因此涂膜干燥慢,一次成膜致密性较低,储存期较短,不宜在低温下施工,无毒、无污染,成本较低 |
| 溶剂型涂料 | 通过溶剂的挥发,高分子材料分子链接触、搭接等过程成膜,具有涂料干燥快、结膜较薄且致密的特点,生产工艺简单,涂料储存稳定性较好,但易燃、易爆、有毒 |
| 反应型涂料 | 通过主要成膜物质高分子预聚物与固化剂发生化学反应而结膜,可一次结成较厚的涂膜,涂膜致密且无收缩,但需配料准确、搅拌均匀,才能保证质量,各组分应分开密封储存,成本较高 |

1) 沥青基防水涂料

沥青基防水涂料是以石油沥青为基料,掺加无机填料和助剂而制成的防水涂料,包括溶剂型、水乳型两种。沥青基防水涂料具有涂膜较脆、耐老化性能差等缺点,不能满足现代建筑的要求。

2) 高聚物改性沥青防水涂料

高聚物改性沥青防水涂料是通过再生橡胶、合成橡胶、SBS或树脂对沥青进行改性而制成的溶剂型或水乳型涂膜防水材料,具有高温不流淌、低温不脆裂、耐老化、延伸率和粘结力大等性能。

3) 合成高分子防水涂料

(1) 聚氨酯防水涂料。

目前,双组分的聚氨酯防水涂料应用比较广泛,适用于地下室、厨房、厕浴间、屋面、铁路、桥梁、公路、隧道、涵洞、蓄水池、游泳池等。

(2) 硅橡胶防水涂料。

硅橡胶防水涂料是以硅橡胶乳液及其他乳液的复合物为主要基料,掺入无机填料及各种助剂(如酯类增塑剂、消泡剂等)配制而成的乳液型防水涂料。具有成膜速度快,变形适应能力强,可在潮湿基层上施工,施工方便,无毒、无味,且应用安全可靠等特点。

(3) 聚合物乳液防水涂料。

聚合物乳液防水涂料典型代表是丙烯酸弹性防水涂料,是一种水乳型、不含有机溶剂、无毒、无味、无污染的单组分建筑防水涂料。具有耐水性、耐久性、伸长率大、弹性高、无毒、无味、无污染,能在潮湿的基层上直接施工,以及施工简便、工期短等特点。

(4) 聚合物水泥基防水涂料。

聚合物水泥基防水涂料也称为JS复合防水涂料,是由有机液体(如聚丙烯酸酯、聚醋酸乙烯乳液及各种添加剂组成)和无机粉料(如高铝高铁水泥、石英粉及各种添加剂组成)复合而成的双组分防水涂料,是一种既具有有机材料弹性高,又有无机材料耐久性好等优点的新型防水材料。具有耐水性、耐久性、坚韧性高、无污染、施工简便、工期短等特点。

**3. 防水混凝土**

1) 水泥

用于防水混凝土的水泥应符合下列规定。

(1) 水泥品种宜采用硅酸盐水泥、普通硅酸盐水泥,采用其他品种水泥时应经试验确定。

(2) 在受侵蚀性介质作用时,应按介质的性质选用相应的水泥品种。

(3) 不得使用过期或受潮结块的水泥,不得将不同品种或强度等级的水泥混合使用。

2) 矿物掺合料

(1) 粉煤灰的品质应符合现行国家标准《用于水泥和混凝土中的粉煤灰》(GB/T 1596—2017)的有关规定,粉煤灰的级别不应低于Ⅱ级,烧失量不应大于5%,用量宜为胶凝材料总量的20%～30%,当水胶比小于0.45时,可适当提高粉煤灰用量。

(2) 硅粉的品质应符合表1-2的要求,用量宜为胶凝材料总量的2%～5%。

表 1-2　硅粉品质要求

| 项　　　目 | 指标 |
|---|---|
| 比表面积（m²/kg） | ≥15000 |
| 二氧化硅含量（%） | ≥85 |

（3）粒化高炉矿渣粉的品质要求应符合现行国家标准《用于水泥、砂浆和混凝土中的粒化高炉矿渣粉》（GB/T 18046—2017）的规定。

（4）使用复合掺料时，其品质和用量应通过试验确定。

3）砂、石

用于防水混凝土的砂、石，应符合下列规定。

（1）宜选用坚固耐久、粒形良好的洁净石子；最大粒径不宜大于 40mm，泵送时，其最大粒径不应大于输送管径的 1/4；吸水率不应大于 1.5%；不得使用碱活性骨料；石子的质量应符合国家现行标准《普通混凝土用砂、石质量及检验方法标准》（JGJ 52—2006）的有关规定。

（2）宜选用坚硬、抗风化性强、洁净的中粗砂，不宜使用海砂；砂的质量应符合国家现行标准《普通混凝土用砂、石质量及检验方法标准》（JGJ 52—2006）的有关规定。

4）其他材料

（1）用于拌制混凝土的水应符合国家现行标准《混凝土用水标准》（JGJ 63—2006）的有关规定。

（2）防水混凝土可根据工程需要掺入减水剂、膨胀剂、防水剂、密实剂、引气剂、复合型外加剂及水泥基渗透结晶型材料，其品种和用量应经试验确定，所用外加剂的技术性能应符合国家现行有关标准的质量要求。

（3）防水混凝土可根据工程抗裂需要掺入合成纤维或钢纤维，纤维的品种及掺入量应通过试验确定。

（4）防水混凝土中各类材料的总碱量（$Na_2O$ 当量）不得大于 $3kg/m^3$，氯离子含量不应超过胶凝材料总量的 0.1%。

**4. 防水砂浆**

防水砂浆包括聚合物水泥防水砂浆、掺外加剂或掺合料的防水砂浆，宜采用多层抹压法施工。水泥砂浆防水层可用于地下工程主体结构的迎水面或背水面，不可用于受持续振动或温度高于 80℃的地下工程防水。水泥砂浆防水层应在基础垫层、初期支护、围护结构及内衬结构验收合格后施工。

水泥砂浆的品种和配合比设计应根据防水工程要求确定。聚合物水泥防水砂浆的厚度，单层施工时宜为 6～8mm，双层施工时宜为 10～12mm；掺外加剂或掺合料的水泥防水砂浆的厚度宜为 18～20mm。水泥砂浆防水层的基层混凝土强度或砌体用的砂浆强度均不应低于设计值的 80%。

**5. 密封材料**

密封材料主要应用于各类建筑物、构筑物、隧道、地下工程及水利工程的接缝和缝隙。

1) 分类

密封材料按外形一般分为定型防水密封材料和不定型防水密封材料两类。定型防水密封材料包括皮革、软金属、橡胶或塑料密封条、密封垫等;不定型防水密封材料包括各种弹性或塑性密封胶。

密封材料按材质一般分为合成高分子密封材料和改性沥青密封材料两类。

建筑密封胶按施工性能分为 S 型——夏季施工型,W 型——冬季施工型,A 型——全年施工型。按固化机理分为 K 型——湿气固化,单组分;E 类——水乳液干燥固化,单组分;Y 类——溶剂挥发固化,单组分;Z 类——化学反应固化,双组分。按流动性分为 N 型——非下垂型,专用于立面;L 型——自流平型,用于水平面。常用密封材料如图 1-8 所示。

密封条　　　　　　密封胶　　　　　　密封膏

图 1-8　密封材料

2) 性能

下面介绍几种密封材料的性能。

(1) 硅酮建筑密封胶。

硅酮建筑密封胶按固化机理分为 A 型——脱酸(酸性)和 B 型——脱醇(中性)两种类型;按用途分为 G 类——镶装玻璃用和 F 类——建筑接缝用(不适用于建筑幕墙和中空玻璃)两种类型;按位移能力分为 25、20 两个级别(表 1-3);按拉伸模量分为高模量(HM)和低模量(LM)两个次级别。

表 1-3　密封胶级别

| 级别 | 试验抗压幅度 | 位移能力 |
| --- | --- | --- |
| 25 | ±25 | 25 |
| 20 | ±20 | 20 |

硅酮建筑密封胶技术性能指标应符合《硅酮和改性硅酮建筑密封胶》(GB/T 14683—2017)的规定,主要技术性能指标如表 1-4 所示。

表 1-4　硅酮建筑密封胶技术性能指标

| 序号 | 项　目 | | 技 术 指 标 | | | |
| --- | --- | --- | --- | --- | --- | --- |
| | | | 25HM | 20HM | 25LM | 20LM |
| 1 | 密度(g/cm³) | | 规定值±0.1 | | | |
| 2 | 下垂度(mm) | 垂直 | ≤3 | | | |
| | | 水平 | 无变形 | | | |

续表

| 序号 | 项 目 | | 技 术 指 标 | | | |
|---|---|---|---|---|---|---|
| | | | 25HM | 20HM | 25LM | 20LM |
| 3 | 表干时间(h) | | ≤3① | | | |
| 4 | 挤出性(mL/min) | | ≥80 | | | |
| 5 | 弹性恢复率(%) | | ≥80 | | | |
| 6 | 拉伸模量(MPa) | 23℃ | ＞0.4 或＞0.6 | | ≤0.4 或≤0.6 | |
| | | −20℃ | | | | |
| 7 | 定伸粘结性 | | 无破坏 | | | |
| 8 | 紫外线辐射后粘结性② | | 无破坏 | | | |
| 9 | 冷拉-热压后粘结性 | | 无破坏 | | | |
| 10 | 浸水后定伸粘结性 | | 无破坏 | | | |
| 11 | 质量损失率(%) | | 无破坏 | | | |

注:① 允许采用供需双方商定的其他指标值;
② 仅适用于 G 类产品。

(2) 聚硫建筑密封胶。

聚硫建筑密封胶技术性能指标应符合《聚硫建筑密封胶》(JC/T 483—2022)的规定,主要技术性能指标如表 1-5 所示。

表 1-5 聚硫建筑密封胶技术性能指标

| 序号 | 项 目 | | 技 术 指 标 | | |
|---|---|---|---|---|---|
| | | | 20HM | 25LM | 20LM |
| 1 | 密度(g/cm³) | | 规定值±0.1 | | |
| 2 | 流动性 | 下垂度(N 型)(mm) | ≤3 | | |
| | | 流平性(L 型) | 光滑平整 | | |
| 3 | 表干时间(h) | | ≤24 | | |
| 4 | 适用期(h) | | ≥2 | | |
| 5 | 弹性恢复率(%) | | ≥70 | | |
| 6 | 拉伸模量(MPa) | 23℃ | ＞0.4 或＞0.6 | ≤0.4 或≤0.6 | |
| | | −20℃ | | | |
| 7 | 定伸粘结性 | | 无破坏 | | |
| 8 | 冷拉-热压后粘结性 | | 无破坏 | | |
| 9 | 浸水后定伸粘结性 | | 无破坏 | | |
| 10 | 质量损失率(%) | | ≤5 | | |

（3）聚氨酯建筑密封胶。

聚氨酯建筑密封胶技术性能指标应符合《聚氨酯建筑密封胶》（JC/T 482—2022）的规定，主要技术性能指标如表 1-6 所示。

表 1-6 聚氨酯建筑密封胶技术性能指标

| 序号 | 项 目 | | 技 术 指 标 | | |
| --- | --- | --- | --- | --- | --- |
| | | | 20HM | 25LM | 20LM |
| 1 | 密度（g/cm³） | | 规定值±0.1 | | |
| 2 | 流动性 | 下垂度（N 型）（mm） | ≤3 | | |
| | | 流平性（L 型） | 光滑平整 | | |
| 3 | 表干时间（h） | | ≤24 | | |
| 4 | 挤出性①（mL/min） | | ≥80 | | |
| 5 | 适用期②（h） | | ≥1 | | |
| 6 | 弹性恢复率（%） | | ≥70 | | |
| 7 | 拉伸模量（MPa） | 23℃ | >0.4 或>0.6 | ≤0.4 或≤0.6 | |
| | | −20℃ | | | |
| 8 | 定伸粘结性 | | 无破坏 | | |
| 9 | 冷拉-热压后粘结性 | | 无破坏 | | |
| 10 | 浸水后定伸粘结性 | | 无破坏 | | |
| 11 | 质量损失率（%） | | ≤7 | | |

注：① 仅适用于单组分产品；
② 仅适用于多组分产品，允许采用供需双方商定的其他指标值。

（4）丙烯酸酯建筑密封胶。

丙烯酸酯建筑密封胶技术性能指标应符合《丙烯酸酯建筑密封胶》（JC/T 484—2006）的规定，主要技术性能指标如表 1-7 所示。

表 1-7 丙烯酸酯建筑密封胶技术性能指标

| 序号 | 项 目 | 技 术 指 标 | | |
| --- | --- | --- | --- | --- |
| | | 12.5E | 12.5P | 7.5P |
| 1 | 密度（g/cm³） | 规定值±0.1 | | |
| 2 | 下垂度（mm） | ≤3 | | |
| 3 | 表干时间（h） | ≤1 | | |
| 4 | 挤出性（mL/min） | ≥100 | | |
| 5 | 弹性恢复率（%） | ≥40 | 报告实测值 | |
| 6 | 定伸粘结性 | 无破坏 | — | |
| 7 | 浸水后定伸粘结性 | 无破坏 | — | |

| 序号 | 项　目 | 技术指标 | | |
|---|---|---|---|---|
| | | 12.5E | 12.5P | 7.5P |
| 8 | 冷拉-热压后粘结性 | 无破坏 | — | |
| 9 | 断裂伸长率(%) | — | ≥100 | |
| 10 | 浸水后断裂伸长率(%) | — | ≥100 | |
| 11 | 同一温度下拉伸-压缩循环后粘结性 | — | 无破坏 | |
| 12 | 低温柔性(℃) | −20 | −5 | |
| 13 | 体积变化率(%) | ≤30 | | |

（5）改性沥青密封材料。

改性沥青密封材料技术性能指标应符合《建筑防水沥青嵌缝油膏》(JC/T 207—2011)的规定。产品按耐热度和低温柔性分为702和801,主要技术性能指标如表1-8所示。

表1-8　建筑防水沥青嵌缝油膏技术性能指标

| 序号 | 项　目 | | 技术指标 | |
|---|---|---|---|---|
| | | | 702 | 801 |
| 1 | 密度(g/cm³) | | 规定值±0.1 | |
| 2 | 施工度(mm) | | ≥22.0 | ≥20.0 |
| 3 | 耐热性 | 温度(℃) | 70 | 80 |
| | | 下垂直(mm) | ≤4.0 | |
| 4 | 低温柔性 | 温度(℃) | −20 | −10 |
| | | 粘结状况 | 无裂纹、无剥离 | |
| 5 | 拉伸粘结性(%) | | ≥125 | |
| 6 | 浸水后拉伸粘结性(%) | | ≥125 | |
| 7 | 渗出性 | 渗出幅度(mm) | ≤5 | |
| | | 渗出张数(张) | ≤4 | |
| 8 | 挥发性(%) | | ≤2.8 | |

**6. 止水材料**

止水材料主要用于地下建筑物或构筑物的变形缝、施工缝等部位的防水。目前常用的有止水带和遇水膨胀橡胶止水条等,一般以止水带为主,止水条为辅。

1）止水带

根据其所处两侧混凝土产生变形的情况,通过材料弹性和结构形式适应混凝土的变形,随着变形缝的变化而拉伸、挤压,以达到止水的作用。常用的止水带如图1-9所示。

橡胶止水带

塑料止水带

复合橡胶止水带

遇水膨胀止水带

钢板腻子止水带

金属板止水带

图 1-9 常用止水带

（1）分类。止水带按用途分为三类：变形缝用止水带，用 B 表示；施工缝用止水带，用 S 表示；沉管隧道接头缝用止水带，用 J 表示，其中，可卸式止水带，用 JX 表示；压缩式止水带，用 JY 表示。

止水带按结构形式分为两类：普通止水带，用 P 表示；复合止水带，用 F 表示，其中，与钢边复合的止水带，用 FG 表示；与遇水膨胀橡胶复合的止水带，用 FP 表示；与帘布复合的止水带，用 FL 表示。

（2）标记方法。止水带应按"用途－结构－宽度×厚度"的顺序进行标记。

示例 1：宽度为 300mm，厚度为 8mm，施工缝用与钢边复合的止水带标记为 S－FG－300×8。

示例 2：宽度为 350mm，厚度为 8mm，变形缝用与膨胀倍率为 250% 遇水膨胀橡胶复合的止水带标记为 B－FP250－350×8。

示例 3：宽度为 240mm，厚度为 8mm，沉管隧道接头缝用与帘布复合可卸式止水带标记为 JX－FL－240×8。

示例 4：宽度为 250mm，厚度为 260mm，沉管隧道接头缝用压缩止水带标记为 JY－P－250×260。

（3）尺寸公差。止水带的结构示意图如图 1-10 所示，其尺寸公差应符合表 1-9 和表1-10
的规定。

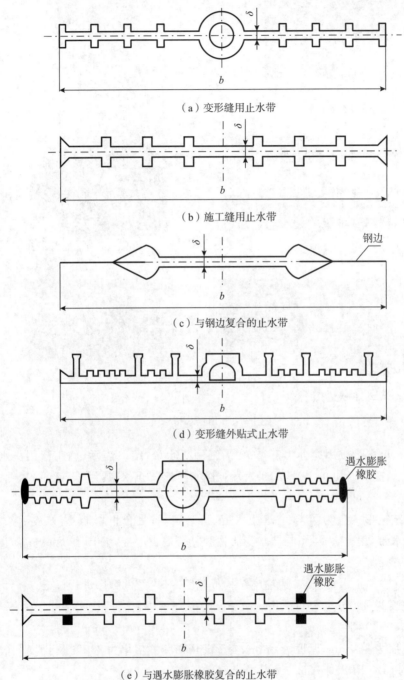

（a）变形缝用止水带

（b）施工缝用止水带

（c）与钢边复合的止水带

（d）变形缝外贴式止水带

（e）与遇水膨胀橡胶复合的止水带

（（e）上：两端与遇水膨胀橡胶复合的止水带；（e）下：中间与遇水膨胀橡胶复合的止水带）

图 1-10　止水带结构示意图

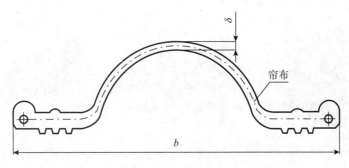

（f）沉管隧道接头缝用与帘布复合可卸式止水带

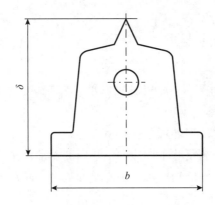

（g）沉管隧道接头缝用压缩式止水带

图　1-10（续）

表 1-9　B 类、S 类、JX 类止水带尺寸公差

| 项　目 | 厚　度 $\delta$（mm） | | | | 宽度 $b$（%） |
|---|---|---|---|---|---|
| | $4 \leqslant \delta \leqslant 6$ | $6 \leqslant \delta \leqslant 10$ | $10 \leqslant \delta \leqslant 20$ | $\delta > 20$ | |
| 极限偏差 | +1.00<br>0 | +1.30<br>0 | +2.00<br>0 | +10%<br>0 | ±3 |

表 1-10　JY 类止水带尺寸公差

| 项　目 | 厚　度 $\delta$（mm） | | | 宽　度 $b$（%） | |
|---|---|---|---|---|---|
| | $\delta \leqslant 160$ | $160 < \delta \leqslant 300$ | $\delta > 300$ | $< 300$ | $\geqslant 300$ |
| 极限偏差 | ±1.50 | ±2.00 | ±2.50 | ±2 | ±2.5 |

2）止水条

止水条由高分子无机吸水膨胀材料和橡胶混炼而成,适用于地下建筑混凝土工程施工缝的止水堵漏。在水达到止水条位置时,遇水后膨胀,把缝隙封死,以达到止水的目的。常用的止水条如图 1-11 所示。

  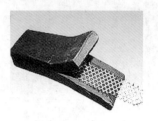

（a）橡胶型遇水膨胀止水条　　（b）腻子型遇水膨胀止水条　　（c）加丝网遇水膨胀止水条

图 1-11　常用止水条

### 1.1.3　防水材料的性能要求

**1. 一般规定**

防水材料的耐久性应与工程防水设计工作年限相适应。

选用防水材料时，应符合下列规定：

（1）材料性能应与工程使用环境条件相适应；

（2）每道防水层厚度应满足防水设防的最小厚度要求；

（3）防水材料中影响环境的物质和有害物质的数量应满足要求；

（4）外露使用防水材料的燃烧性能等级不应低于 B2 级。

**2. 防水混凝土**

（1）防水混凝土的施工配合比应通过试验确定，防水混凝土强度等级不应低于 C25，试配混凝土的抗渗等级应比设计要求提高 0.2MPa；

（2）防水混凝土应采取减少开裂的技术措施；

（3）防水混凝土除应满足抗压、抗渗和抗裂要求外，尚应满足工程所处环境和工作条件的耐久性要求。

**3. 防水卷材和防水涂料**

（1）防水材料耐水性测试试验应按不低于 23℃×14d 的条件进行，试验后不应出现裂纹、分层、起泡和破碎等现象。当用于地下工程时，浸水试验条件不应低于 23℃×7d，防水卷材吸水率不应大于 4%，防水涂料与基层的粘结强度浸水后保持率不应小于 80%，非固化橡胶沥青防水涂料应为内聚破坏。

（2）沥青类材料的热老化测试试验应按不低于 70℃×14d 的条件进行，高分子类材料的热老化测试试验应按不低于 80℃×14d 的条件进行，试验后材料的低温柔性或低温弯折性温度升高不应超过热老化前标准值 2℃。

（3）外露使用防水材料的人工气候加速老化试验应采用氙弧灯进行，340nm 波长处的累计辐照能量不应小于 5040kJ/(m² · nm)，外露单层使用防水卷材的累计辐照能量不应小于 10080kJ/(m² · nm)，试验后材料不应出现开裂、分层、起泡、粘结和孔洞等现象。

（4）防水卷材接缝剥离强度应符合表 1-11 的规定，热老化试验条件不应低于 70℃×7d，浸水试验条件不应低于 23℃×7d。

表 1-11 防水卷材接缝剥离强度

| 防水卷材类型 | 搭接工艺 | 接缝剥离强度（N/mm） | | |
|---|---|---|---|---|
| | | 无处理时 | 热老化 | 浸水 |
| 聚合物改性沥青类防水卷材 | 热熔 | ≥1.5 | ≥1.2 | ≥1.2 |
| | 自粘、胶粘 | ≥1.0 | ≥0.8 | ≥0.8 |
| 合成高分子类防水卷材及塑料防水板 | 焊接 | ≥3.0 或卷材破坏 | | |
| | 自粘、胶粘 | ≥1.0 | ≥0.8 | ≥0.8 |
| | 胶带 | ≥0.6 | ≥0.5 | ≥0.5 |

（5）防水卷材搭接缝不透水性应符合表 1-12 的规定，热老化试验条件不应低于 70℃×7d，浸水试验条件不应低于 23℃×7d。

表 1-12 防水卷材搭接缝不透水性

| 防水卷材类型 | 搭接工艺 | 搭接缝不透水性 | | |
|---|---|---|---|---|
| | | 无处理时 | 热老化 | 浸水 |
| 聚合物改性沥青类防水卷材 | 热熔 | 0.2MPa，30min 不透水 | | |
| | 自粘、胶粘 | | | |
| 合成高分子类防水卷材及塑料防水板 | 焊接 | | | |
| | 自粘、胶粘、胶带 | | | |

（6）耐根穿刺防水材料应通过耐根穿刺试验。

（7）长期处于腐蚀性环境中的防水卷材或防水涂料，应通过腐蚀性介质耐久性试验。

（8）卷材防水层最小厚度应符合表 1-13 的规定。

表 1-13 卷材防水层最小厚度

| 防水卷材类型 | | | 卷材防水层最小厚度（mm） |
|---|---|---|---|
| 聚合物改性沥青类防水卷材 | 热熔法施工聚合物改性防水卷材 | | 3.0 |
| | 热沥青粘结和胶粘法施工聚合物改性防水卷材 | | 3.0 |
| | 预铺反粘防水卷材（聚酯胎类） | | 4.0 |
| | 自粘聚合物改性防水卷材（含湿铺） | 聚酯胎类 | 3.0 |
| | | 无胎类及高分子膜基 | 1.5 |
| 合成高分子类防水卷材及塑料防水板 | 均质型、带纤维背衬型、织物内增强型 | | 1.2 |
| | 双面复合型 | | 主体片材芯材 0.5 |
| | 预铺反粘防水卷材 | 塑料类 | 1.2 |
| | | 橡胶类 | 1.5 |
| | 塑料防水板 | | 1.2 |

（9）反应型高分子类防水涂料、聚合物乳液类防水涂料和水性聚合物沥青类防水涂料等涂料防水层的最小厚度不应小于 1.5mm，热熔施工橡胶沥青类防水涂料防水层的最小厚度不应小于 2mm。

（10）当热熔施工橡胶沥青类防水涂料与防水卷材配套使用作为一道防水层时，其厚度不应小于 1.5mm。

**4. 水泥基防水材料**

（1）外涂型水泥基渗透结晶型防水材料的性能应符合现行国家标准《水泥基渗透结晶型防水材料》（GB 18445—2012）的规定，防水层的厚度不应小于 1mm，用量不应小于 1.5kg/m²。

（2）聚合物水泥防水砂浆与聚合物水泥防水浆料的性能指标应符合表 1-14 的规定。

表 1-14　聚合物水泥防水砂浆与聚合物水泥防水浆料的性能指标

| 序号 | 项　目 | 性能指标 | |
| --- | --- | --- | --- |
| | | 防水砂浆 | 防水浆料 |
| 1 | 砂浆试件抗渗压力（7d，MPa） | ≥1.0 | |
| 2 | 粘结强度（7d，MPa） | ≥1.0 | ≥0.7 |
| 3 | 抗冻性（25 次） | 无开裂、无剥落 | |
| 4 | 吸水率（%） | ≤4.0 | — |

（3）地下工程使用时，聚合物水泥防水砂浆防水层的厚度不应小于 6mm，掺外加剂、防水剂的砂浆防水层的厚度不应小于 18mm。

**5. 密封材料**

（1）对于非结构粘结用建筑密封胶质量损失率，硅酮不应大于 8%，改性硅酮不应大于 5%，聚氨酯不应大于 7%，聚硫不应大于 5%。

（2）橡胶止水带、橡胶密封垫和遇水膨胀橡胶制品的性能应符合现行国家标准《高分子防水材料 第 2 部分：止水带》（GB/T 18173.2—2014）、《高分子防水材料 第 3 部分：遇水膨胀橡胶》（GB/T 18173.3—2014）和《高分子防水材料 第 4 部分：盾构法隧道管片用橡胶密封垫》（GB/T 18173.4—2010）的规定。

## 1.1.4　防水材料的选用

在选择防水材料时，应考虑以下因素。

**1. 使用部位**

地下室防水宜选用防水混凝土等刚性材料，另铺设附加防水层；墙体防水宜选用防水涂料，不宜选用防水卷材；屋面防水宜选用性能优良的中、高档防水卷材，不宜选用防水涂料。

**2. 环境条件**

当处于低温环境时，应采用 SBS、APP 改性沥青防水卷材热熔法施工；当施工现场严禁出现明火时,应选择冷粘法施工;当基层处于潮湿状态时,应选择树脂与纤维复合的卷材、快凝性聚合物水泥等防水材料,不宜选用水溶性沥青基防水涂料;若基层长期处于潮湿状态时,宜选用刚柔结合多道设防;屋面工程应根据最高气温、最低气温、屋面坡度和使用条件等因素选择耐热性和柔性相适应的卷材。

**3. 地区降雨量**

多雨地区宜选用耐水性较强的防水材料,如以聚酯毡、玻纤毡为胎基的改性沥青防水卷材、合成高分子防水卷材和配套粘结性较好的粘结剂等。

**4. 建筑功能**

1)上人平屋面

上人平屋面防水层直接暴露在外,要求抗紫外线能力强、耐老化性好,面层防水、耐磨,宜选用聚氨酯防水涂料;安装有设备的重物屋面防水层不可直接暴露在外,通常在防水层上设保护层(如铺地砖、石板和水泥砂浆等)。

2)非上人平屋面

非上人平屋面防水层直接暴露在外,要求具有抗老化、耐穿刺等性能,宜选用防水卷材、防水涂料或防水卷材与防水涂料复合使用。

3)种植屋面

种植屋面防水层要具有一定的强度和厚度,耐霉烂性好、耐穿刺性强,防水层密封性能好,宜选用聚氯乙烯卷材、聚乙烯卷材(片材)与 SBS 或 APP 改性沥青防水卷材复合使用。

## 1.1.5 防水材料在工程应用中应具备的性能

建筑物与构筑物在使用过程中会受到各种自然因素的影响,如建筑屋面防水层长期暴露于大自然,受雨、雪、风、紫外线以及空气污染物的侵蚀,建筑物不但长期处于水环境中,还要承受不均匀沉降的反复作用。所以,用于建筑中防水材料,不仅要具有抵抗复杂应力作用的力学性能,还要具有在各种自然因素长期影响下持久稳定的性能,即耐久性。为保证建筑工程用防水材料的性能稳定和防水功能,建筑防水材料应具备以下六个方面的性能。

**1. 耐水性**

耐水性是防水材料必须具备的功能,指基本不吸收水,在水的长期侵蚀和微生物作用下性能稳定,在水的压力作用下不穿透的性能。不透水性和吸水率是表征其耐水性能优劣的典型指标。

**2. 耐久性**

耐久性是材料在环境的多种因素作用下,能长久保持材料性能和功能稳定的性质。导致材料老化的因素有温度交替变化、紫外线、臭氧、酸雨及各种应力作用等。

**3. 抗裂性**

抗裂性即能在温度变化、基层收缩或开裂引起的变形以及应力变化、荷载和冲击等作用下不开裂的性能,要求材料拉伸强度、抗撕裂强度高,并具有较好的抗撕裂性和柔韧性。

**4. 耐候性**

耐候性即防水材料在不同的气候条件下具有稳定的物理性能,其中耐热度、低温柔度是耐候性的典型指标。

**5. 良好的施工性能**

良好的施工性能,即防水材料按一定工艺流程施加在需要防水部位的性能,包括施工方便、操作容易掌握、对环境适应性强、与防水基层及相邻部位的材料相容性好等性能。

**6. 环保性**

环保性即防水材料在生产和使用过程中不污染环境,且对人体健康无危害。

防水材料六个方面的性能是互相联系、互相制约的,在研究材料性能时,往往要把各方面性能联系起来统一考虑。

学习笔记

_____

_____

_____

_____

_____

_____

_____

_____

_____

_____

_____

_____

_____

_____

_____

_____

_____

_____

_____

## 学生任务单

学生任务单见表 1-15。

表 1-15　学生任务单

| 基本信息 | 姓名 | | 班级 | | 学号 | |
|---|---|---|---|---|---|---|
| | 任务名称 | | | | | |
| | 小组成员 | | | | | |
| | 任务分工 | | | | | |
| | 完成日期 | | | 完成效果 | （教师评价） | |
| 明确任务 | 任务目标 | 1. 知识目标<br><br><br>2. 能力目标<br><br><br>3. 素质目标 | | | | |
| | 依据规范 | （建议学生指明具体条款） | | | | |
| 自学记录 | 课前准备 | （根据老师的课前任务布置,说明学习了什么内容,查阅了什么资料,浏览了什么资源等） | | | | |
| | 拓展学习 | （除了老师布置的预习任务,自己还学习了什么内容,查阅了什么资料等） | | | | |

续表

| 任务<br>实施 | 重点记录 | （完成任务过程中用到的知识、规范、方法等） | | | | | |
|---|---|---|---|---|---|---|---|
| 任务<br>总结 | 存在问题 | （任务中存在的问题） | | | | | |
| | 解决方案 | （是如何解决的） | | | | | |
| | 其他建议 | | | | | | |
| 学习<br>反思 | 不足之处 | | | | | | |
| | 待解问题 | | | | | | |
| 任务<br>评价 | 自我评价<br>（100分） | 任务学习<br>（20分） | 目标达成<br>（20分） | 实施方法<br>（20分） | 职业素养<br>（20分） | 成果质量<br>（20分） | 分值 |
| | | | | | | | |
| | 小组评价<br>（100分） | 任务承担<br>（20分） | 时间观念<br>（20分） | 团队合作<br>（20分） | 能力素养<br>（20分） | 成果质量<br>（20分） | 分值 |
| | | | | | | | |
| | 教师评价<br>（100分） | 任务执行<br>（20分） | 目标达成<br>（20分） | 团队合作<br>（20分） | 能力素养<br>（20分） | 成果质量<br>（20分） | 分值 |
| | | | | | | | |
| | 综合得分 | | | | | | |
| | | 自我评价分值（30%）＋小组评价分值（30%）＋教师评价分值（40%） | | | | | |

## 任务练习

### 一、单项选择题

1. 防水工程中,目前高聚物改性沥青防水卷材中最常用的是( )。
    A. SBS 卷材和 APP 卷材
    B. SBS 卷材和 PVC 卷材
    C. APP 卷材和 PVC 卷材
    D. SBS 卷材和 PVD 卷材

2. 由有机液体(如聚丙烯酸酯、聚醋酸乙烯乳液及各种添加剂组成)和无机粉料(如高铝高铁水泥、石英粉及各种添加剂组成)复合而成的双组分防水涂料称为( )。
    A. JS 复合防水涂料
    B. 聚合物乳液建筑防水涂料
    C. 橡胶型防水涂料
    D. 合成树脂型防水涂料

3. 塑性体改性沥青防水卷材的标记 APP Ⅰ PY S PE 4 10 GB18242—2008 中,S 表示( )。
    A. SBS 卷材
    B. 上表面为砂面
    C. 下表面为砂面
    D. 上表面为矿物粒料

4. 下面不用于 SBS 改性沥青防水卷材胎基的是( )。
    A. 涤棉无纺布-玻纤网格布复合毡
    B. 聚酯毡
    C. 玻纤增强聚酯毡
    D. 玻纤毡

5. 下面不用于 APP 改性沥青防水卷材胎基的是( )。
    A. 聚酯毡
    B. 涤棉无纺布-玻纤网格布复合毡
    C. 玻纤增强聚酯毡
    D. 玻纤毡

6. 弹性体改性沥青防水卷材按材料性能分为( )。
    A. 优、良
    B. 合格、不合格
    C. Ⅰ型、Ⅱ型
    D. A级、AA级、AAA级

7. 塑性体改性沥青防水卷材的标记 APP Ⅰ PY S PE 4 10 GB18242—2008 中,PE 表示( )。
    A. SBS 卷材
    B. 上表面为聚乙烯膜
    C. 下表面为聚乙烯膜
    D. 上表面为矿物粒料

### 二、判断题

1. SBS 为塑性体改性沥青防水卷材。                                    ( )
2. 聚合物水泥基防水涂料(JS)为溶剂型防水涂料。                        ( )
3. 单组分聚氨酯防水涂料属于反应型防水涂料。                          ( )
4. 黑色的聚氨酯防水涂料属于聚合物改性沥青类防水涂料。                ( )

# 任务 1.2　防水材料进场检验

### 知识目标

1. 熟悉防水材料的检测项目；
2. 掌握防水材料的质量判定标准；
3. 掌握防水材料检验的抽样方法。

### 能力目标

1. 能进行防水材料质量检验；
2. 能判断防水材料质量的优劣。

### 思政目标

1. 养成严谨的工作态度，树立规范意识；
2. 践行"爱岗敬业，诚实守信"的职业精神。

### 相关知识链接

微课

### 思想政治素养养成

对标相关标准规范，掌握防水材料检验标准，养成严谨的工作态度和规范意识；以真实项目任务为情景，培养"爱岗敬业，诚实守信"的职业道德；在实践过程中养成团队合作的精神。

### 任务描述

某施工公司承接某屋面工程防水施工。该屋面采用高聚物改性沥青防水卷材，分两批进料，第二批进 1000 卷，第二批进 750 卷。

**思考：**

1. 如何确保进场的防水卷材符合质量要求？
2. 从哪些方面检查卷材是否符合质量要求？

### 岗位技能点

1. 能依据标准对防水材料进行检验；
2. 能判别防水材料质量的优劣。

### 任务点

1. 防水材料质量判定标准；
2. 防水材料抽样数量；
3. 防水材料检验项目。

## 任务前测

1. 如何判断进场的防水材料是否符合质量要求？判定的标准是什么？

_____

_____

_____

_____

_____

2. 防水材料进场时，如何抽样检验？

_____

_____

_____

_____

_____

3. 防水材料进场时，需要检测哪些项目指标？

_____

_____

_____

_____

_____

## 预习笔记

完成任务所需的支撑知识

## 1.2.1　防水材料质量判定标准

### 1.　防水卷材

（1）检查产品合格证书和性能检测报告是否符合国家产品标准和设计要求。

（2）进行现场抽样复验并提供复验报告，防水材料的技术性能应符合要求。

规格和外观质量检验：全部指标符合标准规定即为合格，其中如有一项指标达不到要求，应在受检产品中另取相同数量的卷材进行复检，全部符合标准规定为合格。复检时，若仍有一项指标不合格，则判定该产品外观质量为不合格。

物理性能检验：在外观质量检验合格的卷材中，任取一卷做物理性能检验。若物理性能有一项指标不符合标准规定，应在受检产品中双倍取样进行该项复检，复检结果如仍不合格，则判定该产品为不合格产品。

### 2.　防水涂料

（1）不符合相应标准中有关外观技术要求规定的产品为不合格产品；

（2）对外观检查合格的产品，按种类分别取 2～10kg 样品进行物理力学性能的检测。

当检验的所有项目均符合相应标准要求时，则判定该批产品为合格；如有两项或两项以上指标不符合标准要求，则判定该批产品为不合格产品；若有一项指标不符合标准要求，允许在同批产品中双倍抽样进行单项复检，若该项经过复检仍不符合标准要求，则判定该批产品为不合格产品。

### 3.　止水材料

1）外观质量

（1）止水带中心孔偏差不允许超过壁厚设计值的 1/3；

（2）止水带表面不允许有开裂、海绵状等缺陷；

（3）在 1m 长度范围内，止水带表面深度不大于 2mm 且面积不大于 $10mm^2$ 的凹痕、杂质、明疤等缺陷不得超过 3 处。

2）物理性能

（1）止水带橡胶材料的物理性能要求和相应的试验方法应符合表 1-16 的规定。

（2）止水带接头部位拉伸强度指标应不低于表 1-16 规定的 80%（现场施工接头除外）。

表 1-16　止水带的物理性能

| 序号 | 项　目 | 指　标 | | |
|---|---|---|---|---|
| | | BS | J | |
| | | | JX | JY |
| 1 | 硬度（邵尔 A）（度） | 60±5 | 60±5 | 40～70[①] |
| 2 | 拉伸强度（MPa） | ≥10 | ≥16 | ≥16 |
| 3 | 拉断伸长率（%） | ≥380 | ≥400 | ≥400 |

续表

| 序号 | 项目 | | 指标 | | |
|---|---|---|---|---|---|
| | | | BS | J | |
| | | | | JX | JY |
| 4 | 压缩永久变形(%) | 70℃×24h,25% | ≤35 | ≤30 | ≤30 |
| | | 23℃×168h,25% | ≤20 | ≤20 | ≤15 |
| 5 | 撕裂强度(kN/m) | | ≥30 | ≥30 | ≥20 |
| 6 | 脆性温度(℃) | | ≤-45 | ≤-40 | ≤-50 |
| 7 | 热空气老化 70℃×168h | 硬度变化(邵尔 A)(度) | ≤+8 | ≤+6 | ≤+10 |
| | | 拉伸强度(MPa) | ≥9 | ≥13 | ≥13 |
| | | 拉断伸长率(%) | ≥300 | ≥320 | ≥300 |
| 8 | 臭氧老化 $50×10^{-8}$;20%,(40±2)℃×48h | | 无裂纹 | | |
| 9 | 橡胶与金属粘合[2] | | 橡胶间破坏 | — | — |
| 10 | 橡胶与帘布粘合强度[3]/(N/mm) | | — | ≥5 | — |

注:遇水膨胀橡胶复合止水带中的遇水膨胀橡胶部分按《高分子防水材料 第3部分:遇水膨胀橡胶》(GB/T 18173.3—2014)的规定执行。
① 橡胶硬度范围为推荐值,供不同沉管隧道工程 JY 类止水带设计参考使用。
② 橡胶与金属粘合项仅适用于与钢边复合的止水带。
③ 橡胶与帘布粘合项仅适用于与帘布复合的 JX 类止水带。

3)判定标准

(1)尺寸公差、外观质量及橡胶材料物理性能各项指标全部符合技术要求,则为合格品。

(2)若尺寸公差或外观质量有一项不合格,则为不合格品。

(3)若橡胶材料物理性能有一项指标不符合技术要求,则应在同批次产品中另取双倍试样进行该项复试,若复试结果仍不合格,则判定该批产品为不合格品。

## 1.2.2　抽样基数及数量

**1. 防水卷材**

《屋面工程质量验收规范》(GB 50207—2012)规定:大于 1000 卷抽 5 卷;500~1000 卷抽 4 卷;100~499 卷抽 3 卷;100 卷以下抽 2 卷。

**2. 防水涂料**

《屋面工程质量验收规范》(GB 50207—2012)规定:以每 10t 为一批,不足 10t 按一批取样。

《地下防水工程质量验收规范》(GB 50208—2011)规定:有机防水涂料,每 5t 为一批,不足 5t 按一批抽样;无机防水涂料,每 10t 为一批,不足 10t 按一批抽样。

**3. 止水材料**

B 类、S 类止水带以同标记、连续生产的 5000m 为一批(不足 5000m 按一批计),从外观质量和尺寸公差检验合格的样品中随机抽取足够的试样,进行橡胶材料的物理性能检验。J类止水带以每100m制品所需要的胶料为一批,抽取足够胶料单独制样进行橡胶材料的物理性能检验。

## 1.2.3 检测项目

### 1. 防水卷材

防水卷材外观质量检验项目和物理性能检验项目如表1-17所示。

表1-17 防水卷材检验项目

| 序号 | 防水卷材名称 | 外观质量检验 | 物理性能检验 |
|---|---|---|---|
| 1 | 高聚物改性沥青防水卷材 | 表面平整,边缘整齐,无孔洞、缺边、裂口,胎基未浸透,矿物粒料粒度、每卷卷材的接头有无其他可观察到的缺陷存在 | 可溶物含量、拉力、最大拉力时的延伸率、耐热度、低温柔性、不透水性 |
| 2 | 合成高分子防水卷材 | 表面平整,边缘整齐,无气泡、裂纹、粘结疤痕,每卷卷材的接头有无其他可观察到的缺陷存在 | 断裂拉伸强度、断裂伸长率、低温弯折性、不透水性 |

### 2. 防水涂料

防水涂料外观质量检验项目和物理性能检验项目如表1-18所示。

表1-18 防水涂料检验项目

| 序号 | 防水涂料名称 | 外观质量检验 | 物理性能检验 |
|---|---|---|---|
| 1 | 高聚物改性沥青防水涂料 | 水乳型:无色差、无凝胶、无结块、无明显沥青丝;溶剂型:黑色黏稠状,细腻、均匀胶状液体 | 固体含量、耐热性、低温柔性、不透水性、断裂伸长率或抗裂性 |
| 2 | 合成高分子类防水涂料 | 反应固化型:均匀黏稠状,无凝胶、结块;挥发固化型:经搅拌后无结块,呈均匀状 | 固体含量、拉伸强度、断裂伸长率、低温柔性、不透水性 |
| 3 | 聚合物水泥防水涂料 | 液体组分:无杂质、无凝胶的均匀乳液;挥发固化型:经搅拌后无结块,呈均匀状 | 固体含量、拉伸强度、断裂伸长率、低温柔性、不透水性 |

### 3. 止水材料

止水材料检验包括出厂检验、型式检验和周期检验。

1) 出厂检验

尺寸公差、外观质量100%进行出厂检验;硬度、拉伸强度、拉断伸长率、撕裂强度逐批进行出厂检验。

2) 型式检验

通常有下列情况之一时,应进行型式检验:

(1) 新产品或老产品转厂生产的试制定型鉴定;

（2）正式生产时，每年进行一次检验；

（3）正式生产后，产品的结构、设计、工艺、材料、生产设备、管理等方面有重大改变；

（4）产品停产超过半年，恢复生产；

（5）出厂检验结果与上次型式检验有较大差异；

（6）国家质量监督机构提出进行该项检验的要求。

3）周期检验

在正常情况下，臭氧老化应每年至少进行一次检验，脆性温度应每半年至少进行一次检验，压缩永久变形、热空气老化、橡胶与金属粘合性能（仅适用于与钢边复合的 FG 止水带）和橡胶与帘布粘合强度（仅适用于与帘布复合的 JX 止水带）应每季度进行一次检验。

学习笔记

## 学生任务单

学生任务单见表 1-19。

表 1-19  学生任务单

| 基本信息 | 姓名 | | 班级 | | 学号 | |
|---|---|---|---|---|---|---|
| | 任务名称 | | | | | |
| | 小组成员 | | | | | |
| | 任务分工 | | | | | |
| | 完成日期 | | | 完成效果 | （教师评价） | |

| 明确任务 | 任务目标 | 1. 知识目标<br><br>2. 能力目标<br><br>3. 素质目标 |
|---|---|---|
| | 依据规范 | （建议学生指明具体条款） |
| 自学记录 | 课前准备 | （根据老师的课前任务布置,说明学习了什么内容,查阅了什么资料,浏览了什么资源等） |
| | 拓展学习 | （除了老师布置的预习任务,自己还学习了什么内容,查阅了什么资料等） |

续表

| 任务实施 | 重点记录 | （完成任务过程中用到的知识、规范、方法等） | | | | | |
|---|---|---|---|---|---|---|---|
| 任务总结 | 存在问题 | （任务学习中存在的问题） | | | | | |
| | 解决方案 | （是如何解决的） | | | | | |
| | 其他建议 | | | | | | |
| 学习反思 | 不足之处 | | | | | | |
| | 待解问题 | | | | | | |
| 任务评价 | 自我评价（100分） | 任务学习（20分） | 目标达成（20分） | 实施方法（20分） | 职业素养（20分） | 成果质量（20分） | 分值 |
| | | | | | | | |
| | 小组评价（100分） | 任务承担（20分） | 时间观念（20分） | 团队合作（20分） | 能力素养（20分） | 成果质量（20分） | 分值 |
| | | | | | | | |
| | 教师评价（100分） | 任务执行（20分） | 目标达成（20分） | 团队合作（20分） | 能力素养（20分） | 成果质量（20分） | 分值 |
| | | | | | | | |
| | 综合得分 | 自我评价分值（30%）＋小组评价分值（30%）＋教师评价分值（40%） | | | | | |

## 任务练习

**一、单项选择题**

1. 某施工公司承接某屋面工程防水施工,该屋面采用高聚物改性沥青防水卷材,分两批进料,第一批进 297 卷,该批卷材进场抽检数至少为( )卷。

　　A. 1　　　　　　　　　　　　B. 2

　　C. 3　　　　　　　　　　　　D. 4

2. 卷材防水层所用卷材必须符合设计要求,下列( )不属于卷材进场检验时的检验项目。

　　A. 产品合格证书

　　B. 产品性能检测报告

　　C. 现场抽样复验报告

　　D. 产品使用说明书

3. 检查防水卷材外观时,其中有( )项指标达不到要求,应在受检产品中等量取样复检,全部达到标准规定为合格。

　　A. 1　　　　　　　　　　　　B. 2

　　C. 3　　　　　　　　　　　　D. 4

4. 屋面防水用高聚物改性沥青防水涂料进场抽样检验物理性能,检验项目不包括( )。

　　A. 固体含量　　　　　　　　　B. 拉伸强度

　　C. 低温柔性　　　　　　　　　D. 耐热性

5. 地下防水工程使用的高聚物改性沥青防水卷材,现场抽样数量,100～499 卷抽( )卷,进行规格尺寸和外观质量检验。在外观质量检验合格的卷材中,任取 1 卷进行物理性能检验。

　　A. 3　　　　　　　　　　　　B. 2

　　C. 4　　　　　　　　　　　　D. 1

6. 防水工程质量评定等级分为( )。

　　A. 优良、合格

　　B. 合格、不合格

　　C. 优良、合格、不合格

　　D. 优良、不合格

**二、判断题**

1. 高聚物改性沥青防水卷材(SBS)的主要物理力学性能指标包括拉力、延伸率、低温柔性、不透水性等。 ( )

2. 高分子橡胶类防水卷材(三元乙丙)的主要物理力学性能指标包括拉伸强度、断裂伸长率、低温弯折性、不透水性、撕裂强度等。 ( )

3. 材料进场检验应执行见证取样送检制度,并应提供进场检验报告。 ( )

# 单元检测一

**一、单项选择题**

1. 屋面防水工程进场材料抽样复验时,对同品种、牌号和规格的卷材,抽验数量如下:大于1000卷,抽取(　　)卷;小于100卷,抽取(　　)卷。

    A. 10;2　　　　　　　　　　　　　　　B. 5;2

    C. 10;1　　　　　　　　　　　　　　　D. 5;1

2. 防水材料进场时,应对其品种、规格、包装、外观和尺寸等进行检查验收,并应经(　　)或建设单位代表确认,形成相应的验收记录。

    A. 监理工程师　　　　　　　　　　　B. 总包施工员

    C. 总包项目经理　　　　　　　　　　D. 总包材料管理员

3. 下列防水材料适合用于住宅卫生间地面防水的是(　　)。

    A. 聚合物水泥防水涂料　　　　　　B. APP防水卷材

    C. SBS防水卷材　　　　　　　　　　D. 溶剂型防水涂料

4. 下列防水材料可用作地下防水背水面施工的是(　　)。

    A. 聚合物水泥防水砂浆　　　　　　B. 聚氨酯防水涂料

    C. 三元乙丙防水卷材　　　　　　　D. SBS防水卷材

5. 下列属于刚性防水材料的是(　　)。

    A. 聚合物水泥防水砂浆　　　　　　B. 沥青防水卷材

    C. 合成高分子防水卷材　　　　　　D. 外加剂防水涂膜

6. 下列不属于高聚物改性沥青类防水卷材的是(　　)。

    A. 弹性体改性沥青防水卷材

    B. 改性沥青聚乙烯胎防水卷材

    C. 自粘聚合物改性沥青防水卷材

    D. 聚氯乙烯防水卷材

7. 下列不属于合成高分子防水卷材中的树脂类材料的是(　　)。

    A. 高密度聚乙烯(HDPE)　　　　　　B. 聚氯乙烯(PVC)

    C. 聚乙烯丙纶　　　　　　　　　　　D. 三元乙丙(EPDM)

8. 下列关于合成高分子防水卷材的特点描述不正确的是(　　)。

    A. 拉伸强度高　　　　　　　　　　　B. 断裂伸长率小

    C. 耐热性能好　　　　　　　　　　　D. 低温柔性好

9. 下列关于防水卷材储运与保管的说法错误的是(　　)。

    A. 不同品种不得混放

    B. 应存放在通风、干燥的室内

    C. 应避免与化学介质及有机溶剂等有害物质接触

    D. 运输时平放高度为四卷卷材高度

10. 屋面工程合成高分子防水涂料,现场抽样数量,每( )t 为一批。

    A. 2              B. 10              C. 5              D. 20

**二、判断题**

1. 聚合物水泥防水涂料(JS)为溶剂型防水涂料。 ( )

2. 高聚物改性沥青防水涂料通常是用再生橡胶、合成橡胶、SBS 或树脂对沥青进行改性而制成的溶剂型或水乳型涂膜防水材料。 ( )

3. 卫浴间防水材料以采用涂膜为最佳。 ( )

**三、简答题**

1. 常用的防水卷材有哪些? 各有什么特点?

2. 止水带有哪些分类?

3. 如何判断进场的防水材料是否符合质量要求? 判定的标准是什么?

4. 防水卷材进场检验时,如何确定抽样基数? 需要检测哪些项目指标?

# 模块 2 防水构造设计

思维导图

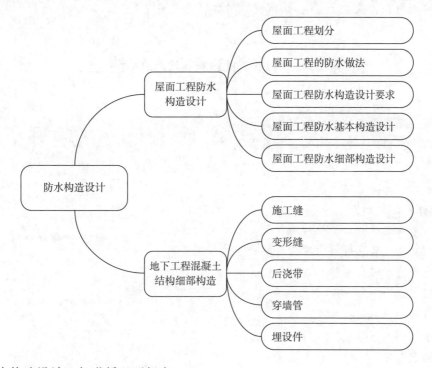

防水构造设计一般遵循以下规定。

（1）工程防水应进行专项防水设计。

（2）下列构造层不应作为一道防水层：混凝土屋面板；塑料排水板；不具备防水功能的装饰瓦和不搭接瓦；注浆加固。

（3）种植屋面和地下建（构）筑物种植顶板工程防水等级应为一级，并应至少设置一道具有耐根穿刺性能的防水层，其上应设置保护层。

（4）相邻材料间及其施工工艺不应产生有害的物理作用或化学作用。

（5）地下工程迎水面主体结构应采用防水混凝土，并应符合下列规定：

① 防水混凝土应满足抗渗等级要求；

② 防水混凝土结构厚度不应小于250mm；

③ 防水混凝土的裂缝宽度不应大于结构允许限值，并不应贯通；

④ 寒冷地区抗冻设防段防水混凝土抗渗等级不应低于P10。

（6）受中等及以上腐蚀性介质作用的地下工程应符合下列规定：

① 防水混凝土强度等级不应低于 C35；

② 防水混凝土设计抗渗等级不应低于 P8；

③ 迎水面主体结构应采用耐侵蚀性防水混凝土，外设防水层应满足耐腐蚀要求。

（7）排水设施应具备汇集、流径、排放等功能。地下工程集水坑和排水沟应做防水处理，排水沟的纵向坡度不应小于 0.2%。

（8）防水节点构造设计应符合下列规定：

① 附加防水层采用防水涂料时，应设置胎体增强材料；

② 结构变形缝设置的橡胶止水带应满足结构允许的最大变形量；

③ 穿墙管设置防水套管时，防水套管与穿墙管之间应密封。

# 任务 2.1　屋面工程防水构造设计

🔖 **知识目标**

1. 掌握屋面工程的划分及防水做法；

2. 掌握屋面防水的基本构造层设置及要求；

3. 熟悉细部构造设计要求；

4. 掌握女儿墙泛水的做法。

🔖 **能力目标**

1. 具有对卷材防水屋面构造设计的基本分析能力；

2. 能真正理解卷材防水屋面各构造层的作用；

3. 能进行细部构造防水设计。

🔖 **思政目标**

1. 增强学习信心；

2. 养成不惧困难、勇于挑战的精神。

🔖 **相关知识链接**

微课

🔖 **思想政治素养养成**

古建筑之美体现在一处处细节之中，匠心独运，浑然天成。古建筑承载了我国数千年的历史文明，凝聚了我国古代劳动人民的智慧。教学时，可从中国传统坡屋顶融入，延伸至中国古建筑防水工程的智慧，展现世界上独特的东方建筑文明，激发学生的爱国热情，树立文化自信。

## 任务描述

为救治新型冠状病毒感染患者,解决医疗资源不足,武汉市参照北京小汤山医院模式建设了武汉蔡甸火神山医院,集中收治新型冠状病毒感染患者。火神山医院建设工期从设计到交付仅用了 10 天,作为一座紧急建设的传染病医院,其防水、防渗、防护工程备受关注。

**思考:**

1. 如何防止医疗废水、传染性废弃物等对土壤、地下水及周边水体的污染?

2. 如何设计防渗系统?

## 岗位技能点

1. 掌握屋面工程防水做法;

2. 理解防水屋面各构造层的作用;

3. 能进行屋面工程构造防水设计。

## 任务点

1. 屋面工程划分;

2. 屋面工程防水做法;

3. 屋面工程防水构造设计要求;

4. 屋面工程防水基本构造设计;

5. 屋面工程防水细部构造设计。

## 任务前测

1. 平屋面工程的防水等级及做法。

_____

_____

_____

_____

_____

2. 普通屋面基本构造层包括哪些内容?

_____

_____

_____

_____

_____

3. 屋面找平层的设计要求。

_____

_____

_____

_____

_____

4. 卷材防水层最小厚度的要求。

_____

_____

_____

5. 卷材搭接宽度的要求。

_____

_____

_____

6. 女儿墙泛水的做法。

_____

_____

_____

📝 预习笔记

## 完成任务所需的支撑知识

### 2.1.1　屋面工程划分

根据现行国家标准《建筑工程施工质量验收统一标准》(GB 50300—2013)的规定,当分部工程较大或较复杂时,可按材料种类、施工特点、专业类别等划分为若干子分部工程。屋面工程各子分部工程和分项工程的划分见表 2-1。

表 2-1　屋面工程各子分部工程和分项工程的划分

| 分部工程 | 子分部工程 | 分 项 工 程 |
|---|---|---|
| 屋面工程 | 基层与保护工程 | 找坡层、找平层、隔汽层、隔离层、保护层 |
| | 保温与隔热工程 | 板状材料保温层、纤维材料保温层、喷涂硬泡聚氨酯保温层、现浇泡沫混凝土保温层、种植隔热层、架空隔热层、蓄水隔热层 |
| | 防水与密封工程 | 卷材防水层、涂膜防水层、复合防水层、接缝密封防水层 |
| | 瓦面与板面工程 | 烧结瓦和混凝土铺装、沥青瓦铺装、金属板铺装、玻璃采光顶铺装 |
| | 细部构造工程 | 檐口、檐沟和天沟、女儿墙和山墙、水落口、变形缝、伸出屋面管道、屋面出入口、反梁过水孔、设施基座、屋脊、屋顶窗 |

## 2.1.2 屋面工程的防水做法

建筑屋面工程的防水做法应符合下列规定。

（1）平屋面工程的防水做法应符合表 2-2 的规定。

**表 2-2 平屋面工程的防水做法**

| 防水等级 | 防水做法 | 防水层 | |
|---|---|---|---|
| | | 防水卷材 | 防水涂料 |
| 一级 | 不应少于 3 道 | 卷材防水层不应少于 1 道 | |
| 二级 | 不应少于 2 道 | 卷材防水层不应少于 1 道 | |
| 三级 | 不应少于 1 道 | 任选 | |

（2）瓦屋面工程的防水做法应符合表 2-3 的规定。

**表 2-3 瓦屋面工程的防水做法**

| 防水等级 | 防水做法 | 防水层 | | |
|---|---|---|---|---|
| | | 屋面瓦 | 防水卷材 | 防水涂料 |
| 一级 | 不应少于 3 道 | 1 道，应选 | 卷材防水层不应少于 1 道 | |
| 二级 | 不应少于 2 道 | 1 道，应选 | 不应少于 1 道；任选 | |
| 三级 | 不应少于 1 道 | 1 道，应选 | — | |

（3）金属屋面工程的防水做法应符合表 2-4 的规定。全焊接金属板屋面应视为一级防水等级的防水做法。

**表 2-4 金属屋面工程的防水做法**

| 防水等级 | 防水做法 | 防水层 | |
|---|---|---|---|
| | | 金属板 | 防水卷材 |
| 一级 | 不应少于 2 道 | 1 道，应选 | 不应少于 1 道；厚度不应小于 1.5mm |
| 二级 | 不应少于 2 道 | 1 道，应选 | 不应少于 1 道 |
| 三级 | 不应少于 1 道 | 1 道，应选 | — |

（4）当在屋面金属板基层上单层使用聚氯乙烯防水卷材（PVC）、热塑性聚烯烃防水卷材（TPO）、三元乙丙防水卷材（EPDM）等外露型防水卷材时，防水卷材的厚度规定如下：一级防水不应小于 1.8mm，二级防水不应小于 1.5mm，三级防水不应小于 1.2mm。

## 2.1.3 屋面工程防水构造设计要求

屋面工程防水构造设计应符合下列规定。

（1）当设备放置在防水层上时，应设附加层。

（2）天沟、檐沟、天窗、雨水管和伸出屋面的管井、管道等部位泛水处的防水层应设附加层或进行多重防水处理。

（3）屋面天沟、檐沟不应跨越变形缝，屋面变形缝泛水处的防水层应设附加层，防水层应铺贴或涂刷至变形缝挡墙顶面。高低跨变形缝在立墙泛水处，应采用有足够变形能力的材料和构造作密封处理。

（4）种植屋面工程的排（蓄）水层应结合屋面排水系统设计，不应作为耐根穿刺防水层使用，并应设置可将雨水排向屋面排水系统的、有组织的排水通道。

（5）非外露防水材料暴露使用时，应设有保护层。

（6）瓦屋面、金属屋面和种植屋面等应根据工程所在地的基本风压、地震设防烈度和屋面坡度等条件，采取抗风揭和抗滑落的加强固定措施。

（7）屋面天沟和封闭阳台外露顶板等处的工程防水等级应与建筑屋面防水等级一致。

（8）混凝土结构屋面防水卷材采用水泥基材料搭接粘结时，防水层长边不应大于 45m。

## 2.1.4　屋面工程防水基本构造设计

屋面的基本构造层次应符合表 2-5 的要求，设计人员可根据建筑物的性质、使用功能、气候条件等因素进行组合。

表 2-5　屋面的基本构造层次

| 屋面类型 | 基本构造层次 |
| --- | --- |
| 卷材、涂膜屋面 | 保护层、隔离层、防水层、找平层、保温层、找平层、找坡层、结构层 |
| | 保护层、保温层、防水层、找平层、找坡层、结构层 |
| | 种植隔热层、保护层、耐根穿刺防水层、防水层、找平层、保温层、找平层、结构层 |
| | 架空隔热层、防水层、找平层、保温层、找平层、找坡层、结构层 |
| | 蓄水隔热层、隔离层、防水层、找平层、保温层、找平层、找坡层、结构层 |
| 瓦屋面 | 块瓦、挂瓦条、顺水条、持钉层、防水层或防水垫层、保温层、结构层 |
| | 沥青瓦、持钉层、防水层或防水垫层、保温层、结构层 |
| 金属板屋面 | 压型金属板、防水垫层、保温层、承托网、支承结构 |
| | 上层压型金属板、防水垫层、保温层、底层压型金属板、支承结构 |
| | 金属面绝热夹芯板、支承结构 |
| 玻璃采光顶 | 玻璃面板、金属框架、支承结构 |
| | 玻璃面板、点支承装置、支承结构 |

注：① 表中结构层包括混凝土基层和木基层；防水层包括卷材防水层和涂膜防水层；保护层包括块体材料、水泥砂浆、细石混凝土保护层。

② 有隔汽要求的屋面，应在保温层和结构层之间设隔汽层。

普通屋面的基本构造层次如图 2-1 所示。

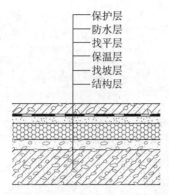

图 2-1　普通屋面的基本构造层次

**1. 结构层设计**

结构层多为钢筋混凝土屋面板,可以是现浇板,也可以是预制板。结构层的刚度大小对屋面防水层的影响比较大。

**2. 找平层设计**

(1) 找平层宜留设分格缝,缝宽宜为 5~20mm。分格缝宜留在板端缝处,当找平层采用水泥砂浆或细石混凝土时,其纵、横缝的最大间距不宜大于 6m。

(2) 找平层必须压实平整、坚固干净、干燥,表面不得有酥松、起砂、开裂、起皮现象。

(3) 找平层的厚度和技术要求应符合表 2-6 的规定。

表 2-6　找平层的厚度和技术要求

| 找平层类别 | 基层种类 | 厚度(mm) | 技术要求 |
|---|---|---|---|
| 水泥砂浆 | 整体现浇混凝土板 | 15~20 | 水泥:砂=1:2.5(体积比) |
| | 整体材料保温层 | 20~25 | |
| 细石混凝土 | 装配式混凝土板 | 30~35 | C20 混凝土,宜加钢筋网片 |
| | 板状材料保温层 | | C20 混凝土 |

**3. 找坡层设计**

屋面排水坡度应根据屋顶结构形式、屋面基层类别、防水构造形式、材料性能及使用环境等条件确定,并应符合下列规定。

(1) 屋面排水坡度应符合表 2-7 的规定。

表 2-7　屋面排水坡度

| 屋面类型 | | 屋面排水坡度(%) |
|---|---|---|
| 平屋面 | | ≥2 |
| 瓦屋面 | 块瓦 | ≥30 |
| | 波形瓦 | ≥20 |
| | 沥青瓦 | ≥20 |
| | 金属瓦 | ≥20 |

续表

| 屋 面 类 型 | | 屋面排水坡度（%） |
|---|---|---|
| 金属屋面 | 压型金属板、金属夹芯板 | ≥5 |
| | 单层防水卷材金属屋面 | ≥2 |
| 种植屋面 | | ≥2 |
| 玻璃采光顶 | | ≥5 |

（2）当屋面采用结构找坡时，其坡度不应小于3%。

（3）混凝土屋面檐沟、天沟的纵向坡度不应小于1%。

（4）找坡应按屋面排水方向和设计坡度要求进行，找坡层最薄处厚度不宜小于20mm。

（5）找坡层宜采用轻骨料混凝土，其所用材料的质量及配合比应符合设计要求。找坡材料应分层铺设，适当压实，表面应平整和粗糙，并应适时浇水养护。表面平整度允许偏差为7mm。

**4. 保温层和隔热层设计**

1）保温层

保温层应根据屋面所需传热系数或热阻选择轻质、高效的保温材料。保温层及其保温材料应符合表2-8的规定。

表 2-8　找平层的厚度和技术要求

| 保温层 | 保 温 材 料 |
|---|---|
| 板状材料保温层 | 聚苯乙烯泡沫塑料、硬质聚氨酯泡沫塑料、膨胀珍珠岩制品、泡沫玻璃制品、加气混凝土砌块、泡沫混凝土砌块 |
| 纤维材料保温层 | 玻璃棉制品、岩棉、矿渣棉制品 |
| 整体材料保温层 | 喷涂硬泡聚氨酯、现浇泡沫混凝土 |

保温层设计应符合下列规定：

（1）敷设保温层的基层应平整、干燥、干净；

（2）保温材料使用时的含水率，应相当于该材料在当地自然风干状态下的平衡含水率；

（3）保温材料的导热系数、表观密度或干密度、抗压强度或压缩强度、燃烧性能必须符合设计要求。

2）隔热层

屋面隔热层是指在炎热地区防止夏季室外热量通过屋面传入室内的措施。我国南方一些省区市的夏季时间较长、气温较高，为了满足人们对住房的隔热要求，屋面隔热设计采取了种植、架空、蓄水等屋面隔热措施。屋面隔热层设计应根据地域、气候、屋面形式、建筑环境、使用功能等条件，经技术、经济比较确定。

**5. 防水层设计**

防水材料的物理性能、防水层的厚度、环境因素和使用条件是影响防水层使用年限的主要因素。每道防水层的最小厚度应符合表 2-9 和表 2-10 的规定。

表 2-9 每道防水层最小厚度(一) 单位:mm

| 每道防水层类别 | | | 防水等级 | |
|---|---|---|---|---|
| | | | Ⅰ级 | Ⅱ级 |
| 卷材防水层 | | 合成高分子防水卷材 | 1.2 | 1.5 |
| | 高聚物改性沥青防水卷材 | 聚酯胎、玻纤胎、聚乙烯胎 | 3.0 | 4.0 |
| | | 自粘聚酯胎 | 2.0 | 3.0 |
| | | 自粘无胎 | 1.5 | 2.0 |
| 涂膜防水层 | 合成高分子防水涂膜 | | 1.5 | 2.0 |
| | 聚合物水泥防水涂膜 | | 1.5 | 2.0 |
| | 高聚物改性沥青防水涂膜 | | 2.0 | 3.0 |
| 复合防水层 | 合成高分子防水卷材+合成高分子防水涂膜 | | 1.2+1.5 | 1.0+1.0 |
| | 自粘聚合物改性沥青防水卷材(无胎)+合成高分子防水涂膜 | | 1.5+1.5 | 1.2+1.0 |
| | 高聚物改性沥青防水卷材+高聚物改性沥青防水涂膜 | | 3.0+2.0 | 3.0+1.2 |
| | 聚乙烯丙纶卷材+聚合物水泥防水胶结材料 | | (0.7+1.3)×2 | 0.7+1.3 |

表 2-10 每道防水层最小厚度(二) 单位:mm

| 每道防水层类别 | | | 防水等级 | | |
|---|---|---|---|---|---|
| | | | 一级 | 二级 | 三级 |
| 卷材防水层 | | 热熔聚合物改性沥青防水卷材 | 3.0 | 3.0 | 4.0 |
| | 自粘(湿铺)聚合物改性沥青防水卷材 | 聚酯胎 | 3.0 | 3.0 | 4.0 |
| | | 高分子膜基 | 1.5 | 1.5 | 2.0 |
| | 高分子防水卷材 | | 1.2 | 1.2 | 1.5 |
| | 双面复合防水卷材* | | 0.5芯层+1.5涂料 | 0.5芯层+1.5涂料 | 0.5芯层+1.5涂料 |
| 涂膜防水层 | 反应型高分子类防水涂料 | | 1.5 | 1.5 | 2.0 |
| | 聚合物乳液类防水涂料 | | 1.5 | 1.5 | 2.0 |
| | 喷涂速凝防水涂料 | | 1.5 | 1.5 | 2.0 |
| | 聚合物改性沥青类防水涂料 | | 2.0 | 2.0 | 3.0 |

注:当双面复合防水卷材采用无机粘结料复合防水时,一级防水(0.5芯层+1.3粘结料)×4;二级防水(0.5芯层+1.3粘结料)×3;三级防水(0.5芯层+1.3粘结料)×2。

檐沟、天沟与屋面交接处、屋面平面与立面交接处、水落口、伸出屋面管道根部等部位,应设置卷材或涂膜附加层。附加层最小厚度应符合表 2-11 的要求。

防水卷材接缝应采用搭接缝,卷材搭接宽度应符合表 2-12 的要求。

表 2-11　附加层最小厚度

| 附加层材料 | 最小厚度（mm） |
|---|---|
| 合成高分子防水卷材 | 1.2 |
| 高聚物改性沥青防水卷材（聚酯胎） | 3.0 |
| 合成高分子防水涂料、聚合物水泥防水涂料 | 1.5 |
| 高聚物改性沥青防水涂料 | 2.0 |

表 2-12　卷材搭接宽度

| 卷材类别 | | 搭接宽度（mm） |
|---|---|---|
| 合成高分子防水卷材 | 胶粘剂 | 100 |
| | 胶粘带 | 60 |
| | 单缝焊 | 60，有效焊缝宽度不小于 25 |
| | 双缝焊 | 80，有效焊缝宽度为 10×2＋空腔宽 |
| 高聚物改性沥青防水卷材 | 胶粘剂 | 100 |
| | 自粘 | 80 |

### 6. 保护层和隔离层设计

1）保护层

上人屋面保护层可采用块体材料、细石混凝土材料等；不上人屋面保护层可采用浅色涂料、铝箔、矿物粒料、水泥砂浆等材料。保护层材料的适用范围和技术要求应符合表 2-13 的规定。

表 2-13　保护层材料的适用范围和技术要求

| 保护层材料 | 适用范围 | 技术要求 |
|---|---|---|
| 浅色涂料 | 不上人屋面 | 丙烯酸系反射涂料 |
| 铝箔 | 不上人屋面 | 0.05mm 厚铝箔反射膜 |
| 矿物粒料 | 不上人屋面 | 不透明的矿物粒料 |
| 水泥砂浆 | 不上人屋面 | 20mm 厚 1∶2.5 或 M15 水泥砂浆 |
| 块体材料 | 上人屋面 | 地砖或 30mm 厚 C20 细石混凝土预制块 |
| 细石混凝土 | 上人屋面 | 40mm 厚 C20 细石混凝土，或 50mm 厚 C20 细石混凝土内配φ4@100 双向钢筋网片 |

2）隔离层

块体材料、水泥砂浆、细石混凝土保护层与卷材、涂膜防水层之间应设置隔离层。隔离层材料的适用范围和技术要求宜符合表 2-14 的规定。

表 2-14 隔离材料的适用范围和技术要求

| 隔离层材料 | 适 用 范 围 | 技 术 要 求 |
|---|---|---|
| 塑料膜 | 块体材料、水泥砂浆保护层 | 0.4mm 厚聚乙烯膜或 3mm 厚发泡聚乙烯膜 |
| 土工布 | 块体材料、水泥砂浆保护层 | 200g/m² 聚酯无纺布 |
| 卷材 | 块体材料、水泥砂浆保护层 | 石油沥青卷材一层 |
| 低强度等级砂浆 | 细石混凝土保护层 | 10mm 厚黏土砂浆,石灰膏:砂:黏土＝1:2.4:3.6 |
| | | 10mm 厚石灰砂浆,石灰膏:砂＝1:4 |
| | | 5mm 厚掺有纤维的石灰砂浆 |

隔离材料在储运与保管时,应保证室内干燥、通风,防止日晒、雨淋和重压。干铺塑料膜、土工布、卷材可在负温下施工,铺抹低强度等级砂浆的温度宜为 5～35℃。

## 2.1.5 屋面工程防水细部构造设计

### 1. 檐口

卷材防水屋面檐口端部 800mm 范围内的卷材应满粘,卷材收头应采用金属压条钉压牢固,其钉距宜为 500～800mm,以防止卷材防水层的收头翘起,并用密封材料进行密封处理。檐口下端应做鹰嘴和滴水槽,如图 2-2 所示。

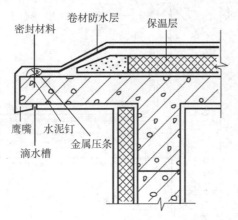

图 2-2 卷材防水屋面檐口

### 2. 檐沟

檐沟必须按设计要求找坡,屋面与檐沟交接处用防水砂浆抹成圆角。檐沟的防水层下应增设附加层,附加层伸入屋面的宽度不应小于 250mm,在屋面与檐沟的交接处,应空铺 200mm 宽。檐沟防水层和附加层应由沟底上翻至外侧顶部,卷材收头处用水泥钉将钢压条钉固在沟帮上,最大钉距为 900mm,端部用密封材料封口,最后抹水泥砂浆保护层。涂膜收头应用防水涂料多遍涂刷。檐沟过长,则应按设计规定留好分格缝或设后浇带,分格缝需填嵌密封材料。卷材、涂膜防水屋面檐沟如图 2-3 所示,檐沟卷材收头如图 2-4 所示。

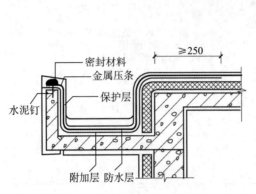
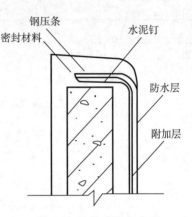

图 2-3　卷材、涂膜防水屋面檐沟　　　图 2-4　檐沟卷材收头

### 3. 女儿墙

女儿墙防水处理的重点是压顶、泛水、收头的处理。女儿墙压顶可采用混凝土或金属制品，压顶向内排水坡度不小于 5%，压顶内侧下端做滴水处理。女儿墙泛水处的防水层应增铺附加层，附加层的平面宽度和立面高度均不应小于 250mm。

（1）当女儿墙较低时，卷材收头直接铺至女儿墙压顶下，用金属压条及水泥钉固定，再用密封材料封闭严密。女儿墙压顶也应做防水处理，如图 2-5 所示。

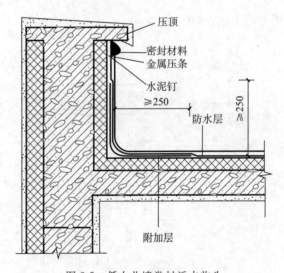

图 2-5　低女儿墙卷材泛水收头

（2）当女儿墙较高时，卷材收头直接用金属压条固定于墙上，用金属或合成高分子盖板作挡雨板，并用密封材料封固缝隙，以防雨水渗漏。高女儿墙泛水处的防水层高度不应小于 250mm，如图 2-6 所示。

（3）当女儿墙为砖墙时，可在女儿墙内设 60mm×60mm 的立面凹槽作为卷材的收头。凹槽距屋面不小于 250mm，槽内用水泥砂浆抹成平整的斜坡，卷材收头应压入凹槽内并固定密封，卷材附加层的水平段伸入屋面不小于 250mm，凹槽上部的墙体应做好防水处理，如图 2-7 所示。

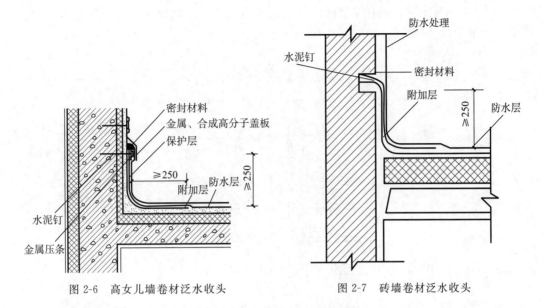

图 2-6 高女儿墙卷材泛水收头　　　　图 2-7 砖墙卷材泛水收头

### 4. 变形缝

变形缝泛水处应铺贴卷材附加层,延伸至水平和垂直方向均不小于 250mm,防水层应铺贴至泛水墙的顶部。变形缝内宜填充泡沫塑料或沥青麻丝,上部填放衬垫材料,并用卷材封盖,顶部应加扣混凝土盖板或金属盖板。高低跨变形缝在高跨墙上预留 60mm×60mm 的凹槽,内用水泥砂浆抹成平整的斜坡,将卷材一端粘贴到斜坡上,用压条和水泥钉钉入凹槽内固定后,用密封材料封口,然后在上面用固定牢固的金属盖板进行保护。等高变形缝防水构造如图 2-8 所示,高低跨变形缝防水构造如图 2-9 所示。

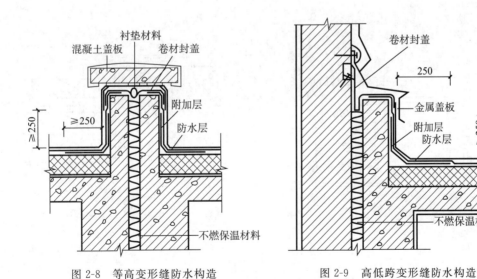

图 2-8 等高变形缝防水构造　　　　图 2-9 高低跨变形缝防水构造

### 5. 伸出屋面管道

伸出屋面的管道应做好防水处理,管道周围的找平层应抹出高度不小于 30mm 的排水坡,管道泛水处的防水层下应增设附加层,附加层在平面和立面的宽度均不应小于

250mm,泛水高度也不应小于250mm,卷材收头应用金属箍紧固和密封材料封严,涂膜收头应用防水涂料多遍涂刷,如图2-10所示。

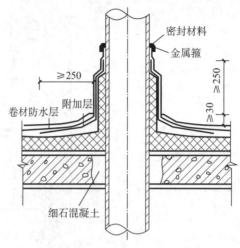

图2-10　伸出屋面管道防水构造

### 6. 屋面出入口

屋面垂直出入口泛水处应增设附加层,附加层在平面和立面的宽度均不应小于250mm,防水层收头应压在混凝土压顶圈下,如图2-11所示;屋面水平出入口泛水处应增设附加层和护墙,附加层在平面上的宽度不应小于250mm,防水层收头应压在混凝土踏步下,如图2-12所示。

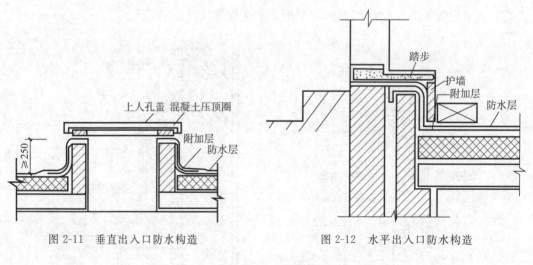

图2-11　垂直出入口防水构造　　　　图2-12　水平出入口防水构造

📝 **学习笔记**

## 学生任务单

学生任务单见表 2-15。

表 2-15 学生任务单

<table>
<tr><td rowspan="5">基本信息</td><td>姓名</td><td></td><td>班级</td><td></td><td>学号</td><td></td></tr>
<tr><td>任务名称</td><td colspan="5"></td></tr>
<tr><td>小组成员</td><td colspan="5"></td></tr>
<tr><td>任务分工</td><td colspan="5"></td></tr>
<tr><td>完成日期</td><td colspan="2"></td><td>完成效果</td><td colspan="2">（教师评价）</td></tr>
<tr><td rowspan="2">明确任务</td><td>任务目标</td><td colspan="5">1. 知识目标<br><br><br>2. 能力目标<br><br><br>3. 素质目标</td></tr>
<tr><td>依据规范</td><td colspan="5">（建议学生指明具体条款）</td></tr>
<tr><td rowspan="2">自学记录</td><td>课前准备</td><td colspan="5">（根据老师的课前任务布置，说明学习了什么内容，查阅了什么资料，浏览了什么资源等）</td></tr>
<tr><td>拓展学习</td><td colspan="5">（除了老师布置的预习任务，自己还学习了什么内容，查阅了什么资料等）</td></tr>
</table>

续表

| 任务实施 | 重点记录 | （完成任务过程中用到的知识、规范、方法等） | | | | | |
|---|---|---|---|---|---|---|---|
| 任务总结 | 存在问题 | （任务学习中存在的问题） | | | | | |
| | 解决方案 | （是如何解决的） | | | | | |
| | 其他建议 | | | | | | |
| 学习反思 | 不足之处 | | | | | | |
| | 待解问题 | | | | | | |
| 任务评价 | 自我评价（100分） | 任务学习（20分） | 目标达成（20分） | 实施方法（20分） | 职业素养（20分） | 成果质量（20分） | 分值 |
| | | | | | | | |
| | 小组评价（100分） | 任务承担（20分） | 时间观念（20分） | 团队合作（20分） | 能力素养（20分） | 成果质量（20分） | 分值 |
| | | | | | | | |
| | 教师评价（100分） | 任务执行（20分） | 目标达成（20分） | 团队合作（20分） | 能力素养（20分） | 成果质量（20分） | 分值 |
| | | | | | | | |
| | 综合得分 | | | | | | |
| | | 自我评价分值（30%）＋小组评价分值（30%）＋教师评价分值（40%） | | | | | |

## 任务练习

**一、单项选择题**

1. 保温层上的找平层应留设分格缝,缝宽宜为 5～20mm,纵、横缝的间距不宜大于( )m。

A. 4          B. 5

C. 6          D. 8

2. 屋面女儿墙根部泛水处应增强防水处理,增强处理范围的平面宽度和立面高度均不应小于( )mm。

A. 150          B. 200

C. 250          D. 300

**二、判断题**

1. 在找平层与凸出屋面结构的交接处和转角处均应做成圆弧,当使用高聚物改性沥青防水卷材时,圆弧半径为 50mm。 ( )

2. 多道防水设置是为了提高屋面防水的可靠性,若第一道防水层破坏,则第二道和第三道还可以弥补,共同组成一个完整的防水系统。 ( )

3. 一般情况下,水落口间距不宜超过 24m。 ( )

**学习笔记**

_____

_____

_____

_____

_____

_____

_____

_____

_____

_____

_____

_____

_____

_____

_____

_____

_____

_____

# 任务 2.2　地下工程混凝土结构细部构造

## 知识目标

1. 熟知地下工程混凝土结构细部构造的基本要求；
2. 掌握地下工程混凝土结构细部构造设计方法。

## 能力目标

1. 能选择合适的材料进行混凝土结构细部构造设计；
2. 能进行地下工程混凝土结构细部构造设计。

## 思政目标

1. 培养创新精神；
2. 养成发现问题、分析问题、解决问题的习惯。

## 相关知识链接

微课

## 思想政治素养养成

通过学习地下工程混凝土结构细部构造设计，联系生活中存在的事故案例，培养发现问题、分析问题、解决问题的能力；增强抗挫折能力，在面对困难时知难而上，不要退缩，沉心静气分析问题，直到解决问题；通过分析防水工程中出现的事故，树立遵纪守法的意识。

## 任务描述

某建筑地下室与一层之间梁板有变形缝构造，一层水顺变形缝流入地下室，如图 2-13 所示。

变形缝位置上部水
流到地下室

图 2-13　水顺变形缝流到地下室

思考：

1. 造成这种现象的原因有哪些？
2. 如何制订相应的防治措施？

## 岗位技能点

1. 熟知地下工程混凝土结构细部构造设计的要求；
2. 能进行地下工程混凝土结构细部构造设计。

## 任务点

1. 施工缝防水构造；
2. 变形缝防水构造；
3. 后浇带防水构造；
4. 穿墙管防水构造；
5. 埋设件防水构造。

## 任务前测

1. 施工缝防水构造形式有几种，分别是什么？

_____

_____

_____

2. 施工缝防水构造有哪些设计要求？

_____

_____

_____

3. 什么是变形缝？变形缝有几种形式？

_____

_____

_____

4. 留设变形缝时，应满足哪些规定？

_____

_____

_____

5. 后浇带防水构造有几种形式？分别是什么？

_____

_____

_____

_____

6. 埋设件构造有哪些设计要求？

_____

_____

_____

_____

📎 预习笔记

## 完成任务所需的支撑知识

**1. 施工缝**

留设施工缝时,应符合下列规定。

(1) 地下结构的顶板、底板的混凝土应连续浇筑,不宜留施工缝;顶拱、底拱不宜留纵向施工缝。

(2) 墙体留水平施工缝时,不应留在剪力或弯矩最大处或底板与侧壁的交接处,应留在底板表面以上不小于300mm的墙体上。

(3) 墙上设有孔洞时,施工缝距孔洞边缘不应小于300mm。

(4) 如必须留垂直施工缝,应留在结构变形缝处。

施工缝的防水构造宜按图2-14中(a)～(d)选用,当采用两种以上构造时,可进行有效组合。

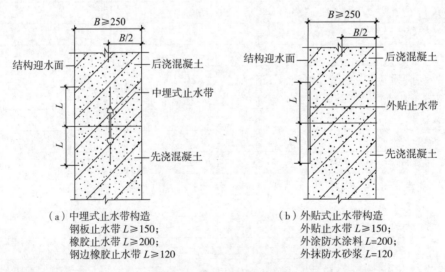

(a) 中埋式止水带构造
钢板止水带 $L \geq 150$;
橡胶止水带 $L \geq 200$;
钢边橡胶止水带 $L \geq 120$

(b) 外贴式止水带构造
外贴止水带 $L \geq 150$;
外涂防水涂料 $L = 200$;
外抹防水砂浆 $L = 120$

图2-14 施工缝防水构造图

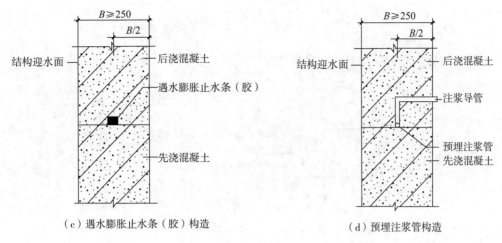

（c）遇水膨胀止水条（胶）构造　　　（d）预埋注浆管构造

图　2-14（续）

**2. 变形缝**

在外部因素的作用下,地下工程会产生变形、开裂甚至破坏。针对这种情况设置的构造缝称为变形缝。变形缝的几种复合防水构造形式如图 2-15～图 2-17 所示。变形缝分为伸缩缝、沉降缝和防震缝三种形式。留设变形缝时,应满足以下规定。

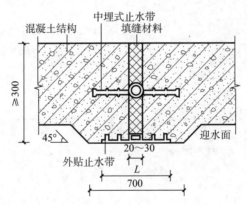

外贴止水带 $L\geqslant300$;外贴防水卷材 $L\geqslant400$;外涂防水涂层 $L\geqslant400$

图 2-15　中埋式止水带与外贴防水层复合使用

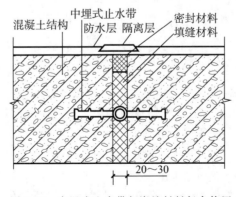

图 2-16　中埋式止水带与嵌缝材料复合使用

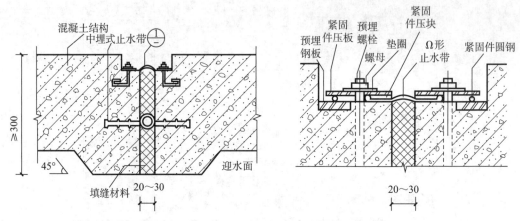

图 2-17　中埋式止水带与可卸式止水带复合使用

（1）变形缝应满足密封、防水、适应变形、施工方便、检修容易等要求。

（2）宜少设用于伸缩的变形缝，可根据不同的工程结构类别、工程地质情况采取后浇带、加强带、诱导缝等替代措施。

（3）变形缝处混凝土结构的厚度不应小于 300mm。

（4）用于沉降的变形缝最大允许沉降差值不应大于 30mm。

（5）变形缝的宽度宜为 20～30mm。

（6）对于环境温度高于 50℃处的变形缝，中埋式止水带可采用金属制作，如图 2-18 所示。

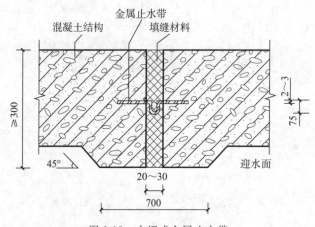

图 2-18　中埋式金属止水带

### 3. 后浇带

为防止现浇混凝土结构由于自身收缩不均匀或沉降不均匀而产生有害裂缝，按照设计规范要求，在基础底板、墙、梁相应位置留设后浇带。后浇带应满足以下规定。

（1）后浇带宜设于不允许留设变形缝的工程部位。

（2）后浇带应在其两侧混凝土龄期达到 42d 后再施工，但高层建筑的后浇带还应满足在结构顶板浇筑混凝土 14d 后才能进行。

（3）后浇带应采用补偿收缩混凝土浇筑，其抗渗和抗压强度等级不应低于两侧混凝土。

（4）后浇带应设在受力和变形较小的部位，其间距和位置应按结构设计要求确定，宽度宜为 700～1000mm。

（5）后浇带两侧可做成平直缝或阶梯缝，其防水构造宜采用如图 2-19～图 2-21 所示的形式。

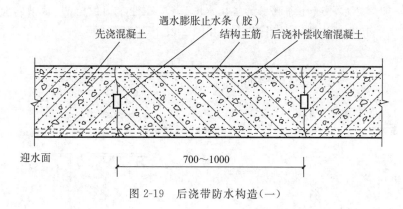

图 2-19　后浇带防水构造（一）

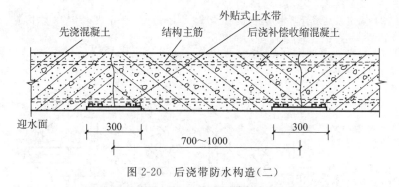

图 2-20　后浇带防水构造（二）

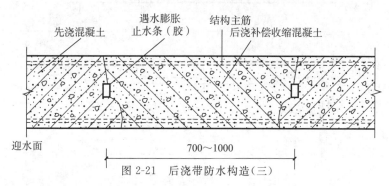

图 2-21　后浇带防水构造（三）

（6）采用掺膨胀剂的补偿收缩混凝土，水中养护 14d 后的限制膨胀率不应小于 0.015%，膨胀剂的掺量应根据不同部位的限制膨胀率设定值经试验确定。

（7）补偿收缩混凝土的配合比除应符合《地下工程防水技术规范》(GB 50108—2008) 的规定外，还应符合以下要求：

① 膨胀剂掺量不宜大于 12%；

② 膨胀剂掺量应以胶凝材料总量的百分比表示。

（8）后浇带混凝土的养护时间不得少于 28d。

#### 4. 穿墙管

穿墙管应在浇筑混凝土前预埋,并符合下列规定。

(1) 与内墙角、凹凸部位的距离应大于250mm。

(2) 结构变形或管道伸缩量较小时,穿墙管可采用主管直接埋入混凝土内的固定式防水法,主管应加焊止水环或环绕遇水膨胀止水圈,并应在迎水面预留凹槽,槽内应采用密封材料嵌填密实。其防水构造宜采用图2-22和图2-23所示的形式。

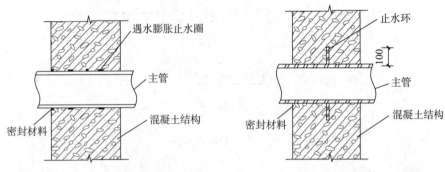

图2-22 固定式穿墙管防水构造(一)        图2-23 固定式穿墙管防水构造(二)

(3) 结构变形或管道伸缩量较大或有更换要求时,应采用套管式防水法,套管应加焊止水环,如图2-24所示。

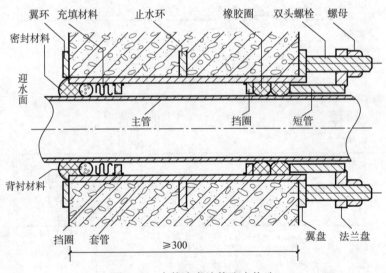

图2-24 套管式穿墙管防水构造

#### 5. 埋设件

(1) 结构上的埋设件应采用预埋或预留孔(槽)等。

(2) 埋设件端部或预留孔(槽)底部的混凝土厚度 $L$ 不得小于250mm。当厚度小于250mm时,应采取局部加厚或其他防水措施,如图2-25所示。

(3) 预留孔(槽)内的防水层宜与孔(槽)外的结构防水层保持连续。

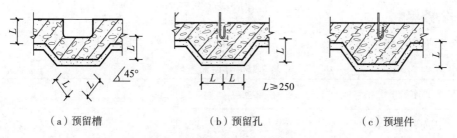

（a）预留槽　　　　　　　　（b）预留孔　　　　　　　　（c）预埋件

图 2-25　预埋件或预留孔（槽）处理

学习笔记

## 学生任务单

学生任务单见表 2-16。

表 2-16　学生任务单

| 基本信息 | 姓名 | | 班级 | | 学号 | |
|---|---|---|---|---|---|---|
| | 任务名称 | | | | | |
| | 小组成员 | | | | | |
| | 任务分工 | | | | | |
| | 完成日期 | | | 完成效果 | （教师评价） | |
| 明确任务 | 任务目标 | 1. 知识目标<br><br>2. 能力目标<br><br>3. 素质目标 | | | | |
| | 依据规范 | （建议学生指明具体条款） | | | | |
| 自学记录 | 课前准备 | （根据老师的课前任务布置,说明学习了什么内容,查阅了什么资料,浏览了什么资源等） | | | | |
| | 拓展学习 | （除了老师布置的预习任务,自己还学习了什么内容,查阅了什么资料等） | | | | |

续表

| 任务<br>实施 | 重点记录 | （完成任务过程中用到的知识、规范、方法等） | | | | | |
|---|---|---|---|---|---|---|---|
| 任务<br>总结 | 存在问题 | （任务学习中存在的问题） | | | | | |
| | 解决方案 | （是如何解决的） | | | | | |
| | 其他建议 | | | | | | |
| 学习<br>反思 | 不足之处 | | | | | | |
| | 待解问题 | | | | | | |
| 任务<br>评价 | 自我评价<br>（100分） | 任务学习<br>（20分） | 目标达成<br>（20分） | 实施方法<br>（20分） | 职业素养<br>（20分） | 成果质量<br>（20分） | 分值 |
| | | | | | | | |
| | 小组评价<br>（100分） | 任务承担<br>（20分） | 时间观念<br>（20分） | 团队合作<br>（20分） | 能力素养<br>（20分） | 成果质量<br>（20分） | 分值 |
| | | | | | | | |
| | 教师评价<br>（100分） | 任务执行<br>（20分） | 目标达成<br>（20分） | 团队合作<br>（20分） | 能力素养<br>（20分） | 成果质量<br>（20分） | 分值 |
| | | | | | | | |
| | 综合得分 | | | | | | |
| | | 自我评价分值（30%）＋小组评价分值（30%）＋教师评价分值（40%） | | | | | |

## 任务练习

**一、单项选择题**

1. 后浇带处防水混凝土的养护时间不得少于(　　)d。

A. 7 　　　　　　　　　　　　　B. 14

C. 21 　　　　　　　　　　　　　D. 28

2. 下列关于地下工程防水混凝土后浇带的说法不正确的是(　　)。

A. 后浇带应在其两侧混凝土的龄期达到 28d 后再施工

B. 后浇带宽度为 700~1000mm

C. 后浇带混凝土养护时间不得少于 28d

D. 后浇带应采用补偿收缩混凝土

**二、判断题**

1. 地下工程后浇带混凝土应采用补偿收缩混凝土浇筑,其抗渗和抗压强度等级应比两侧混凝土高一个等级。(　　)

2. 细石混凝土保护层与防水层之间应设置隔离层。(　　)

**三、简答题**

1. 穿墙管防水施工时应符合哪些规定?

_____

_____

_____

_____

_____

2. 中埋式止水带施工应符合哪些规定?

_____

_____

_____

_____

_____

3. 变形缝的防水构造形式有哪些?

_____

_____

_____

_____

_____

# 单元检测二

**一、单项选择题**

1. 建筑屋顶防水构造中,冷底子油涂刷的作用是( )。

 A. 减少吸热,使太阳辐射温度明显下降

 B. 防止暴风雨对油毡防水层的冲刷

 C. 加强粘结力

 D. 以其质量压住油毡的边角,防止起翘

2. 刚性防水屋面主要是依靠混凝土自身的( ),并采取一定的构造措施达到防水目的,如增加钢筋、设置隔离层、设置分格缝、油膏嵌缝等。

 A. 密实性  B. 弹性

 C. 抗渗性  D. 耐磨损性

3. 细石混凝土防水屋面与基层间宜设置的构造措施是( )。

 A. 保护层  B. 隔汽层

 C. 滑动层  D. 隔离层

4. 上人平屋面构造层通常不包括( )。

 A. 防水层  B. 设备层

 C. 找坡层  D. 保护层

5. 消除两种材料之间粘结力、机械咬合力、化学反应等不利影响的构造层是( )。

 A. 隔汽层  B. 隔热层

 C. 隔离层  D. 附加层

6. 铺设水泥砂浆保护层前,应在防水层上增加的构造措施是( )。

 A. 隔离层  B. 隔汽层

 C. 找平层  D. 找坡层

7. 屋面防水基层隔汽性能较差时,宜在保温层下增加的构造措施是( )。

 A. 隔离层  B. 隔汽层

 C. 找平层  D. 保护层

8. 每开间设一道横向分格缝,并与装配式屋面板的板缝对齐,沿女儿墙四周应设置的构造措施是( )。

 A. 分隔缝  B. 变形缝

 C. 伸缩缝  D. 沉降缝

**二、判断题**

1. 根据保温材料性能和屋面构造,防水层可设置在保温层下面或上面。 ( )

2. 细部构造设计应做到多道设防、复合用材、连续密封、局部增强,并应满足使用功能、温差变形、施工环境条件和可操作性等要求。 ( )

3. 机械固定法细部构造设计中,山墙和女儿墙泛水卷材宜铺设至外墙顶部边沿,也可设置泛水,高度不应小于 300mm,并采用金属压条收口后密封,墙体顶部可不用盖板覆盖。

（　　）

4. 隔离层是指消除相邻两种材料之间粘结力、机械咬合力、化学反应等不利影响的构造层。

（　　）

5. 卫浴间的楼地面一般构造层次中不需要找坡层,因为一般采用结构找坡。　（　　）

三、简答题

1. 屋面有哪些基本构造层次?

_____

_____

_____

_____

2. 找坡层和找平层有哪些构造要求?

_____

_____

_____

_____

3. 哪些构造层不应作为一道防水层?

_____

_____

_____

_____

4. 屋面女儿墙的防水有哪些做法?

_____

_____

_____

_____

5. 地下工程设置变形缝的目的是什么? 有什么具体要求?

_____

_____

_____

_____

# 模块 3 防水施工工艺

思维导图

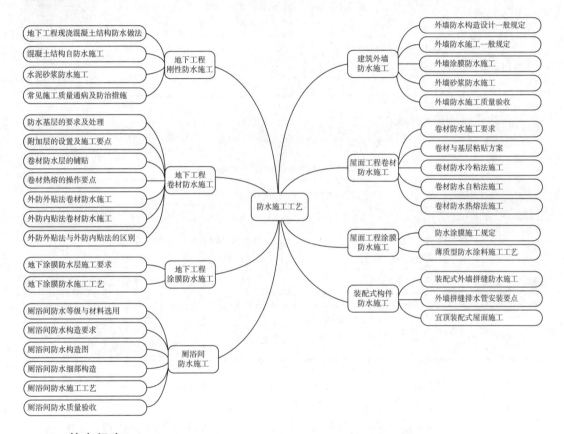

## 1. 基本规定

工程防水应遵循因地制宜、以防为主、防排结合、综合治理的原则。

工程防水设计工作年限应符合下列规定：

（1）地下工程防水设计工作年限不应低于工程结构设计工作年限；

（2）屋面工程防水设计工作年限不应低于 20 年；

（3）室内工程防水设计工作年限不应低于 25 年。

## 2. 防水类别

工程按其防水功能重要程度分为甲类、乙类和丙类，具体划分应符合表 3-1 的规定。

表 3-1　工程防水类别

| 工程类型 | 工程防水类别 | | |
| --- | --- | --- | --- |
| | 甲　类 | 乙　类 | 丙　类 |
| 地下工程 | 有人员活动的民用建筑地下室,对渗漏敏感的建筑地下工程 | 除甲类和丙类以外的建筑地下工程 | 对渗漏不敏感的物品、设备使用或储存场所,不影响正常使用的建筑地下工程 |
| 屋面工程 | 民用建筑和对渗漏敏感的工业建筑屋面 | 除甲类和丙类以外的建筑屋面 | 对渗漏不敏感的工业建筑屋面 |
| 外墙工程 | 民用建筑和对渗漏敏感的工业建筑外墙 | 渗漏不影响正常使用的工业建筑外墙 | — |
| 室内工程 | 民用建筑和对渗漏敏感的工业建筑室内楼地面和墙面 | — | — |

**3. 防水使用环境类别**

(1) 工程防水使用环境类别划分见表 3-2。

表 3-2　工程防水使用环境类别划分

| 工程类型 | 工程防水使用环境类别 | | |
| --- | --- | --- | --- |
| | I | II | III |
| 地下工程 | 抗浮设防水位标高与地下结构板底标高高差 $H \geqslant 0$m | 抗浮设防水位标高与地下结构板底标高高差 $H < 0$m | |
| 屋面工程 | 年降水量 $P \geqslant 1300$mm | 400mm$\leqslant$年降水量$<1300$mm | 年降水量$<400$mm |
| 外墙工程 | 年降水量 $P \geqslant 1300$mm | 400mm$\leqslant$年降水量$<1300$mm | 年降水量$<400$mm |
| 室内工程 | 频繁遇水场合或长时间相对湿度 RH$\geqslant 90\%$ | 间歇遇水场合 | 偶发渗漏水可能造成明显损失的场合 |

(2) 工程防水使用环境类别为 II 类的明挖法地下工程,当该工程所在地年降水量大于 400mm 时,应按 I 类防水使用环境选用。

(3) 工程防水等级应依据工程类别和工程防水使用环境类别分为一级、二级、三级。暗挖法地下工程防水等级应根据工程类别、工程地质条件和施工条件等因素确定,其他工程防水等级不应低于下列规定。

① 一级防水: I 类、II 类防水使用环境下的甲类工程; I 类防水使用环境下的乙类工程。

② 二级防水: III 类防水使用环境下的甲类工程; II 类防水使用环境下的乙类工程; I 类防水使用环境下的丙类工程。

③ 三级防水: III 类防水使用环境下的乙类工程; II 类、III 类防水使用环境下的丙类工程。

# 任务 3.1　地下工程刚性防水施工

## 知识目标

1. 熟悉现浇混凝土结构防水做法；
2. 掌握混凝土结构自防水施工；
3. 掌握水泥砂浆防水施工；
4. 掌握常见的施工质量通病及防治措施。

## 能力目标

1. 能进行刚性防水材料施工；
2. 能分析出现常见施工质量通病的原因，并提出防治措施。

## 思政目标

1. 培养自主学习和探究能力；
2. 树立规范意识、质量意识和效率意识；
3. 具有良好的工作态度、责任心、团队意识、协作能力，培养吃苦耐劳的精神。

## 相关知识链接

微课

## 思想政治素养养成

以企业真实项目为任务创设情景，采用任务驱动、小组合作教学，形成规范作业的习惯，培养认真负责的态度，使学生养成团结合作的精神。

## 任务描述

本工程以框剪混凝土结构的高层住宅小区为例，规划总建筑面积约为 37000m²。地下两层，地下室面积达 13000m²。3#楼的基础为筏形基础。现 3#楼的基坑已基本开挖到位，基坑护壁也已施工完成。地下室二层与地下室一层的分界墙面积约为 2300m²，地下室二层的外墙面防水面面积约为 3830m²。地下结构的防水要求较高，防水施工作业面积较大，防水面地形复杂。

**思考：**

1. 针对各种复杂层面，本工程应如何做好阴阳转角处理？
2. 如何做好穿过迎水墙体的管道等位置的细部防水处理？
3. 为确保防水不失败，要注意哪些环节？

## 岗位技能点

1. 能按照规范进行混凝土结构自防水施工；
2. 能按照规范进行水泥砂浆防水施工；

3. 能分析常见的施工质量问题,并制订相应措施。

## 任务点

1. 现浇混凝土结构防水做法;
2. 混凝土结构自防水施工;
3. 水泥砂浆防水施工。

## 任务前测

1. 地下工程刚性防水施工质量验收需要用到哪些规范?

_____

_____

_____

_____

2. 什么是混凝土结构自防水?

_____

_____

_____

_____

3. 水泥砂浆防水层的基层有哪些质量要求?

_____

_____

_____

_____

4. 防水层的养护要求是什么?

_____

_____

_____

_____

## 预习笔记

## 完成任务所需的支撑知识

### 3.1.1　地下工程现浇混凝土结构防水做法

地下防水工程是指对工业与民用建筑地下工程、防护工程、隧道及地下铁道等建(构)筑物进行防水设计、防水施工和维护管理的过程。地下工程常年受到地表水、潜水、上层滞水、毛细管水等作用,因此,对地下防水的处理比屋面防水工程要求更高,防水技术难度也更大。

**1. 明挖法地下工程现浇混凝土结构防水做法**

(1)主体结构防水做法应符合表3-3的规定。

(2)明挖法地下工程结构接缝的防水设防措施应符合表3-4的规定。

(3)明挖法地下工程防水混凝土的最低抗渗等级应符合表3-5的规定。

表3-3　主体结构防水做法

| 防水等级 | 防水做法 | 防水混凝土 | 外设防水层 | | |
| --- | --- | --- | --- | --- | --- |
| | | | 防水卷材 | 防水涂料 | 水泥基防水材料 |
| 一级 | 不应少于3道 | 1道,应选 | 不少于2道;防水卷材或防水涂料不应少于1道 | | |
| 二级 | 不应少于2道 | 1道,应选 | 不少于1道;任选 | | |
| 三级 | 不应少于1道 | 1道,应选 | — | | |

注:水泥基防水材料指防水砂浆、外涂型水泥基渗透结晶防水材料。

表3-4　明挖法地下工程结构接缝的防水设防措施

| | | |
| --- | --- | --- |
| 施工缝 | 混凝土界面处理剂或外涂型水泥基渗透结晶型防水材料 | 不应少于2种 |
| | 预埋注浆管 | |
| | 遇水膨胀止水条或止水胶 | |
| | 中埋式止水带 | |
| | 外贴式止水带 | |
| 变形缝 | 中埋式中孔型橡胶止水带 | 应选 |
| | 外贴式中孔型止水带 | 不应少于2种 |
| | 可卸式止水带 | |
| | 密封嵌缝材料 | |
| | 外贴防水卷材或外涂防水涂料 | |
| 后浇带 | 补偿收缩混凝土 | 应选 |
| | 预埋注浆管 | 不应少于1种 |
| | 中埋式止水带 | |
| | 遇水膨胀止水条或止水胶 | |
| | 外贴止水带 | |

续表

| 诱导缝 | 中埋式中孔型橡胶止水带 | 应选 |
| | 密封嵌缝材料 | 不应少于 1 种 |
| | 外贴式止水带 | |
| | 外贴防水卷材或外涂防水涂料 | |

表 3-5　明挖法地下工程防水混凝土的最低抗渗等级

| 防水等级 | 最低抗渗等级 |
| --- | --- |
| 一级 | P8 |
| 二级 | P8 |
| 三级 | P6 |

**2. 暗挖法地下工程现浇混凝土结构防水做法**

（1）矿山法地下工程复合式衬砌的防水做法应符合表 3-6 的规定。

（2）矿山法地下工程二次衬砌接缝防水设防措施应符合表 3-7 的规定。

表 3-6　矿山法地下工程复合式衬砌的防水做法

| 防水等级 | 防水做法 | 防水混凝土 | 外设防水层 | | |
| --- | --- | --- | --- | --- | --- |
| | | | 塑料防水板 | 预铺反粘高分子防水卷材 | 喷涂施工的防水涂料 |
| 一级 | 不应少于 2 道 | 1 道,应选 | 塑料防水板或预铺反粘高分子防水卷材不应少于 1 道,且厚度不应小于 1.5mm | | |
| 二级 | 不应少于 2 道 | 1 道,应选 | 不应少于 1 道;塑料防水板厚度不应小于 1.2mm | | |
| 三级 | 不应少于 1 道 | 1 道,应选 | — | | |

表 3-7　矿山法地下工程二次衬砌接缝防水设防措施

| 项目 | 措　施 | 备　注 |
| --- | --- | --- |
| 施工缝 | 混凝土界面处理剂或外涂型水泥基渗透结晶型防水材料 | 不应少于 2 种 |
| | 外贴式止水带 | |
| | 预埋注浆管 | |
| | 遇水膨胀止水条或止水胶 | |
| | 中埋式止水带 | |
| 变形缝 | 中埋式中孔型橡胶止水带 | 应选 |
| | 外贴式中孔型止水带 | |
| | 密封嵌缝材料 | |

## 3.1.2　混凝土结构自防水施工

混凝土结构自防水（防水混凝土结构）是依靠混凝土材料本身的密实性而具有防水能

力的整体式混凝土或钢筋混凝土结构。它既是承重结构、围护结构,又满足抗渗、耐腐和耐侵蚀的结构要求。

**1. 防水混凝土**

防水混凝土适用于抗渗等级不低于 P6 的地下混凝土结构,不适用于环境温度高于 80℃的地下工程。处于侵蚀性介质中,防水混凝土的耐侵蚀性要求应符合现行国家标准《工业建筑防腐蚀设计标准》(GB/T 50046—2018)和《混凝土结构耐久性设计标准》(GB/T 50476—2019)的有关规定。

浇筑防水混凝土结构时,常采用普通防水混凝土和外加剂防水混凝土。普通防水混凝土是在普通混凝土骨料级配的基础上,通过调整配合比,控制水灰比、水泥用量、灰砂比和坍落度来提高混凝土的密实性,从而抑制混凝土中的孔隙,达到防水的目的。外加剂防水混凝土是加入适量外加剂(减水剂、防水剂),改善混凝土内部组织结构,增加混凝土的密实性,从而提高混凝土的抗渗能力。

**2. 防水混凝土施工**

1) 工艺流程

工艺流程为模板安装 → 钢筋绑扎 → 混凝土浇筑和振捣 → 混凝土的养护。

2) 施工要点

(1) 支模模板严密不漏浆,有足够的刚度、强度和稳定性,固定模板的铁件不能穿过防水混凝土,结构用钢筋不得触击模板,避免形成渗水路径。

(2) 搅拌符合普通混凝土搅拌原则。防水混凝土必须用机械充分、均匀拌合,不得用人工搅拌,搅拌时间比普通混凝土搅拌时间略长,一般为 120s。

① 防水混凝土采用预拌混凝土时,入泵坍落度宜控制在 120～140mm,坍落度每小时损失不应大于 20mm,坍落度总损失值不应大于 40mm。

② 混凝土拌制和浇筑过程控制应符合下列规定:拌制混凝土所用材料的品种、规格和用量,每工作班检查不应少于 2 次。每盘混凝土各组成材料计量结果的允许偏差应符合表 3-8 的规定。

表 3-8　混凝土组成材料计量结果的允许偏差　　　　　　　　单位:%

| 混凝土组成材料 | 每盘计量 | 累计计量 |
| --- | --- | --- |
| 水泥、掺合料 | ±2 | ±1 |
| 粗、细骨料 | ±3 | ±2 |
| 水、外加剂 | ±2 | ±1 |

注:累计计量仅适用于微机控制计量的搅拌站。

(3) 运输中应防止发生漏浆和离析泌水现象。如果发生泌水离析,应在浇筑前进行二次拌合。

① 如泵送混凝土拌合物在运输后出现离析,必须进行二次搅拌。当因坍落度损失而不能满足施工要求时,应加入原水胶比的水泥浆或掺加同品种的减水剂进行搅拌,严禁直接加水。

② 混凝土在浇筑地点的坍落度,每工作班至少检查 2 次。混凝土的坍落度试验应符

合现行国家标准《普通混凝土拌合物性能试验方法标准》(GB/T 50080—2016)的有关规定。混凝土坍落度允许偏差应符合表 3-9 的规定。

表 3-9  混凝土坍落度允许偏差                                单位:mm

| 要求坍落度 | 允许偏差 |
|---|---|
| ≤40 | ±10 |
| 50～90 | ±15 |
| ≥100 | ±20 |

(4)浇筑、振捣前,应清理模板内的杂质、积水,模板应湿水。

(5)养护与拆模养护对防水混凝土的抗渗性能影响很大,特别是早期湿润养护更为重要。如果早期失水,将导致防水混凝土的抗渗性大幅度降低。

### 3.1.3  水泥砂浆防水施工

水泥砂浆防水层是在混凝土或砌砖的基层上由多层抹面的水泥砂浆等构成的防水层。它是利用抹压均匀、密实和交替施工构成坚硬封闭的整体,具有较高的抗渗能力(2.5～3.0MPa,30d 无渗漏),以达到阻止压力水的渗透作用。

**1. 水泥砂浆防水层**

水泥砂浆防水层适用于地下工程主体结构的迎水面或背水面,不适用于受持续振动或环境温度高于 80℃的地下工程。

1)水泥砂浆防水层所用材料的规定

应采用聚合物水泥防水砂浆、掺外加剂或掺合料的防水砂浆。水泥砂浆防水层所用的材料应符合下列规定:

(1)应使用普通硅酸盐水泥、硅酸盐水泥或特种水泥,不得使用过期或受潮结块的水泥;

(2)砂宜采用中砂,含泥量不应大于 1%,硫化物和硫酸盐含量不得大于 1%;

(3)用于拌制水泥砂浆的水应采用不含有害物质的洁净水;

(4)聚合物乳液的外观为均匀液体,无杂质、无沉淀、不分层;

(5)外加剂的技术性能应符合国家或行业有关标准的质量要求。

2)水泥砂浆防水层基层质量规定

水泥砂浆防水层的基层质量应符合下列规定:

(1)基层表面应平整、坚实、清洁,并应充分湿润,无明水;

(2)基层表面的孔洞、缝隙应采用与防水层相同的水泥砂浆填塞并抹平;

(3)施工前,应将埋设件、穿墙管预留凹槽内嵌填密封材料后,再进行水泥砂浆防水层施工。

**2. 水泥砂浆防水层施工**

1)工艺流程

工艺流程为基层处理→砂浆拌制→防水层施工→防水层养护。

2）施工要点

（1）基层处理：包括清理、浇水、刷洗、补平等工序，应使基层表面保持湿润、清洁、平整、坚实、粗糙。

（2）灰浆的配合比和拌制：与基层结合的第一层水泥浆是用水泥和水拌合而成，水灰比为 0.55～0.60；其他层水泥浆的水灰比为 0.37～0.40；水泥砂浆由水泥、砂、水拌合而成，水灰比为 0.4～0.5，灰砂比为 1.5～2.0。

（3）防水层施工：在迎水面基层的防水层一般采用"五层抹面法"；背水面基层的防水层一般采用"四层抹面法"。防水层施工需注意以下几点。

① 水泥砂浆的配制、应按所掺材料的技术要求准确计量；

② 分层铺抹或喷涂，铺抹时应压实、抹平，最后一层表面应提浆压光；

③ 防水层各层应紧密粘合，每层宜连续施工；必须留设施工缝时，应采用阶梯坡形槎，但与阴阳角的距离不得小于 200mm；

④ 防水层的施工缝需留斜坡阶梯形槎，一般留在地面上。

（4）防水层的养护：水泥砂浆防水层施工完毕后应立即进行养护，地上防水部分应浇水养护，地下潮湿部位不必浇水养护。养护还要注意以下两点。

① 水泥砂浆终凝后应及时进行养护，养护温度不宜低于 5℃，并应保持砂浆表面湿润，养护时间不得少于 14d；

② 聚合物水泥防水砂浆未达到硬化状态时，不得浇水养护或直接受雨水冲刷，硬化后应采用干湿交替的养护方法。如为潮湿环境，可在自然条件下养护。

## 3.1.4  常见施工质量通病及防治措施

地下建筑结构所处的环境恶劣，容易受到多种因素影响产生裂缝、孔洞等结构，从而引发渗漏水问题。地下建筑渗漏水涉及材料、设计、施工等多方面因素，重点是施工质量控制。地下建筑对施工队伍、材料、工艺要求较高，需要精心、细致地组织施工，一旦出现质量问题，就会影响使用功能，而且返工维修难度极大。

**1. 地下建筑的混凝土基层**

地下建筑的混凝土基层出现蜂窝、麻面、孔洞等渗漏水情况，主要表现为混凝土表面可见明显的裂缝，而且表面有小凹坑，引发渗水。地下建筑的混凝土局部出现疏松情况，混凝土表面可见蜂窝状的结构，具体表现为石子多、砂浆少。孔洞是表面混凝土出现明显孔洞，没有混凝土。引发混凝土基层蜂窝、麻面和孔洞渗漏的主要原因是混凝土施工不规范，导致出现混凝土表面缺陷，引发渗水、渗漏。

针对地下建筑混凝土表面的通病，需要查明蜂窝、麻面和孔洞的渗漏情况，明确其水压大小、渗漏部位，采用有效的方式修补表面。具体的处理措施如下。

（1）先将基层松散部位凿掉，再用相应的方式进行修补。

（2）可选择水泥砂浆抹面法进行修补。该方法可用于麻面、蜂窝较浅的情况，通过水泥砂浆找平、密实后抹平，确保基层质量。

（3）当孔洞较深但面积不大时，可以选择采用水泥砂浆捻实法。先用水泥砂浆抹平并且振捣之后,再在其表面涂抹砂浆。

（4）对于较深的孔洞、蜂窝,需要采用水泥压浆法。根据相应的蜂窝、孔洞位置,选择压浆孔后,再用水泥砂浆进行修补。

**2. 混凝土结构施工缝发生渗漏**

混凝土结构的施工缝也是极易发生渗漏的部位。防止施工缝部位渗漏可采取以下措施。

① 施工缝应按规定位置留设,防水薄弱部位及底板上不应留设施工缝,如墙板上必须留设垂直施工缝时,应与变形缝相一致。

② 施工缝的留设、清理及新旧混凝土的接浆等应有统一部署,由专人负责。

③ 设计人员在确定钢筋布置位置和墙体厚度时,应考虑方便施工,以保证工程质量。

如发现施工缝渗漏水,可采用防水堵漏技术进行修补。

**3. 混凝土裂缝发生渗漏**

防水混凝土所用水泥必须经过检测,杜绝使用安定性不合格的产品。混凝土配合比由试验室提供,并严格控制水泥用量。对于地下室底板等厚大体积的混凝土,应遵守大体积混凝土施工的有关规定,严格控制温度差。设计时,应综合考虑不利因素,使结构具有足够的安全度,并合理设置变形缝,以适应结构变形。

**4. 预埋件部位发生渗漏**

为防止预埋件部位发生渗漏,可采取以下方法。

① 预埋件应有固定措施,预埋件密集处应有施工技术措施,预埋件铁脚应按规定焊好止水环。

② 地下室的管线应尽量设计在地下水位以上,穿墙管道一律设置止水套管,管道与套管采用柔性连接。

▶ 学习笔记

_____

_____

_____

_____

_____

_____

_____

_____

_____

_____

_____

_____

_____

## 学生任务单

学生任务单见表 3-10。

表 3-10 学生任务单

| 基本信息 | 姓名 | | 班级 | | 学号 | |
|---|---|---|---|---|---|---|
| | 任务名称 | | | | | |
| | 小组成员 | | | | | |
| | 任务分工 | | | | | |
| | 完成日期 | | | 完成效果 | （教师评价） | |
| 明确任务 | 任务目标 | 1. 知识目标<br><br>2. 能力目标<br><br>3. 素质目标 | | | | |
| | 依据规范 | （建议学生指明具体条款） | | | | |
| 自学记录 | 课前准备 | （根据老师的课前任务布置，说明学习了什么内容，查阅了什么资料，浏览了什么资源等） | | | | |
| | 拓展学习 | （除了老师布置的预习任务，自己还学习了什么内容，查阅了什么资料等） | | | | |

| 任务实施 | 重点记录 | （完成任务过程中用到的知识、规范、方法等） | | | | | |
|---|---|---|---|---|---|---|---|
| 任务总结 | 存在问题 | （任务学习中存在的问题） | | | | | |
| | 解决方案 | （是如何解决的） | | | | | |
| | 其他建议 | | | | | | |
| 学习反思 | 不足之处 | | | | | | |
| | 待解问题 | | | | | | |
| 任务评价 | 自我评价（100分） | 任务学习（20分） | 目标达成（20分） | 实施方法（20分） | 职业素养（20分） | 成果质量（20分） | 分值 |
| | | | | | | | |
| | 小组评价（100分） | 任务承担（20分） | 时间观念（20分） | 团队合作（20分） | 能力素养（20分） | 成果质量（20分） | 分值 |
| | | | | | | | |
| | 教师评价（100分） | 任务执行（20分） | 目标达成（20分） | 团队合作（20分） | 能力素养（20分） | 成果质量（20分） | 分值 |
| | | | | | | | |
| | 综合得分 | 自我评价分值（30%）＋小组评价分值（30%）＋教师评价分值（40%） | | | | | |

# 任务练习

## 一、单项选择题

1. 关于地下防水工程一级防水设防等级,正确的是(　　)。
   A. 不允许漏水　　　　　　　　　　B. 表面可有少量湿渍
   C. 不允许渗水　　　　　　　　　　D. 变形缝等节点可有少量渗水

2. 防水混凝土终凝后应立即进行养护,养护时间不得少于(　　)d。
   A. 3　　　　　　B. 7　　　　　　C. 10　　　　　　D. 14

3. 地下工程防水混凝土的最小厚度不应小于(　　)mm。
   A. 150　　　　　B. 200　　　　　C. 250　　　　　D. 300

4. 地下工程刚性材料防水层主要是(　　)。
   A. 混凝土结构自防水和细石混凝土防水层
   B. 水泥砂浆防水层和细石混凝土防水层
   C. 混凝土结构自防水和水泥砂浆防水层
   D. 水泥砂浆防水层和涂料防水层

5. 补偿收缩混凝土中掺入的外加剂是(　　)。
   A. 减水剂　　　　　　　　　　　　B. 早强剂
   C. 膨胀剂　　　　　　　　　　　　D. 缓凝剂

6. 地下工程防水混凝土抗渗等级不应低于(　　)。
   A. P4　　　　　B. P6　　　　　C. P8　　　　　D. P12

7. 地下防水施工时,地下水位应降至混凝土结构底板迎水面(　　)mm 以下。
   A. 1000　　　　B. 500　　　　C. 300　　　　D. 200

8. 防水混凝土抗渗等级应大于 P6,当工程埋置深度为 10～20m 时,抗渗混凝土的设计等级一般不低于(　　)。
   A. P6　　　　　B. P8　　　　　C. P10　　　　　D. P12

9. 防水混凝土迎水面钢筋保护层的厚度不应小于(　　)mm。
   A. 25　　　　　B. 30　　　　　C. 50　　　　　D. 100

10. 下面(　　)措施适用于地下工程水平施工缝防水。
    A. 迎水面涂刷防水涂料
    B. 缝内填充聚硫密封胶
    C. 迎水面粘贴防水卷材
    D. 背水面粘贴防水卷材

11. 防水层各层应紧密粘合,每层宜连续施工;必须留设施工缝时,应采用阶梯坡形槎,但与阴阳角的距离不得小于(　　)mm。
    A. 50　　　　　B. 100　　　　C. 180　　　　D. 200

## 二、判断题

防水混凝土除满足强度等级外,还应满足抗渗等级要求。　　　　　　　　　(　　)

# 任务 3.2　地下工程卷材防水施工

📖 **知识目标**

1. 熟悉地下工程卷材防水施工的要求；
2. 掌握常见地下工程卷材防水施工做法；
3. 掌握卷材防水细部节点处理方法；
4. 掌握外防外贴法与外防内贴法施工。

📖 **能力目标**

1. 能识读施工图，选择合适的防水卷材和施工机具；
2. 能进行地下工程卷材防水施工；
3. 能分析常见施工质量通病产生的原因并提出防治措施。

📖 **思政目标**

1. 树立标准化施工的理念，发扬爱岗敬业精神；
2. 培养精益求精的工作态度；
3. 增强团队意识、协作能力，并养成吃苦耐劳的精神。

📖 **相关知识链接**

微课

📖 **思想政治素养养成**

以老旧小区改造民生工程为例，防水作为其中的一个重要环节，只有严把质量关，才能让老旧小区改造真正"惠民生、暖民心"，从而激发大家的爱国热情。通过任务驱动，引导学生养成严谨的工作态度，规范施工，品质和质量是给社会的承诺，要恪守职业道德。

📖 **任务描述**

某建筑物地上 24 层，地下一层，建筑面积约 66830.9m²；建筑物＋0.00 标高为 11.8m，场地自然标高为 11.2m；采用筏板基础，基础埋深约 8m。

该工程地下室设计为柔性防水和刚性防水相结合的方式，承台、电梯井、集水坑、四周剪力墙采用 K11 涂膜防水层，厚度 1.5mm；底板、地梁、剪力墙外墙采用柔性防水为 SBS 改性沥青防水卷材，厚度 3mm；地下室底板 C35－P6 及外墙刚性防水为 C50－P6 抗渗混凝土。

**思考：**

1. 在本工程中，采用防水卷材施工铺贴有什么规定？
2. 防水卷材施工有哪些要求？
3. 如何确保防水卷材施工规范，以保证防水成效？

**岗位技能点**

1. 能对基层进行处理；
2. 能选择合适的卷材及机具进行施工。

**任务点**

1. 防水基层处理；
2. 附加层设置及施工；
3. 卷材防水层铺贴。

**任务前测**

1. 防水卷材对基层的要求是什么？

_____

_____

_____

_____

2. 两层卷材防水铺贴的要求是什么？

_____

_____

_____

_____

3. 什么是外防外贴法卷材防水？

_____

_____

_____

_____

4. 什么是外防内贴法卷材防水？

_____

_____

_____

_____

5. 铺贴卷材时,弹线的作用是什么？

_____

_____

_____

_____

6. 立面(包括外防外贴和外防内贴)防水层的铺贴顺序是怎样的?

_____

_____

_____

_____

📝 预习笔记

---

## 完成任务所需的支撑知识

### 3.2.1　防水基层的要求及处理

**1. 一般防水卷材的基层要求**

(1) 基层应坚实,无空鼓、起砂、裂缝、松动和凹凸不平,基层不得有积水、积雪的现象。

(2) 基层表面要平整,用 2m 直尺检查,直尺与基层平面的间隙不应大于 5mm,允许平缓变化,但每米长度内不得多于一处。

(3) 在防水施工之前,基层的含水率应满足要求。将 1m 卷材平坦地铺在防水基层上,静置 6~7h 后掀开检查,找平层覆盖部位与卷材上应没有水印。当地下室底板卷材防水层采用空铺法(条粘、点粘)铺设时,可以在潮湿基层上施工,但基层应坚实且无明水。

(4) 基层与凸出屋面结构的连接处、管道根部、地下工程的平面与立面交接处、阴角部位等位置,应用水泥砂浆做半径为 50mm 的圆弧。

**2. 一般防水基层处理方法**

(1) 地下室顶板、立墙、屋面使用结构面作为防水基层而不另做找平层时,应将结构面的疙瘩、浮浆等清理干净,露出洁净的结构面。

(2) 混凝土基层表面如有蜂窝、孔洞、麻面,需要先用凿子将松散不牢的石子剔掉,用钢丝刷清理干净,浇水湿润后,先涂刷素浆,再用高强度等级的细石混凝土填实抹平。

(3) 基层表面的凹部深度小于 10mm 时,应用凿子将其打平或剔成斜坡,并凿毛;当凹部深度大于 10mm 时,用凿子先剔成斜坡,用钢丝刷清扫干净,浇水湿润,抹素浆,再用高强度等级的细石混凝土填平。

(4) 基层表面的油渍、水渍等杂物要用工具清除,并用吹风机、吸尘器将基层的灰尘清理干净。

(5) 基层的裂缝宽度超过 0.3mm 时,应将裂缝剔成 V 形槽,在槽内嵌水泥砂浆,或者采用注浆的措施。

### 3. 抗拔（浮）桩和锚杆的基层要求及处理

1）抗拔（浮）桩和锚杆的基层要求

（1）桩的平面尺寸与标高应符合设计与施工的要求；

（2）桩侧面与底板混凝土垫层连接应致密，不得有裂缝；

（3）桩头必须为混凝土结构体，桩身表面不得有松散块，无孔洞；

（4）桩表面无浮浆、无泥土，桩面基本平整，凹凸高差不应超过 10mm；

（5）桩周围 250mm 范围内为麻面、不压光；

（6）锚杆之间及周边 250mm 范围内为麻面、不压光。

2）桩和锚杆基层的处理

（1）凿桩头，使桩的平面尺寸与标高符合设计与施工的要求；

（2）将桩身的多余钢筋头切除；

（3）处理桩身的孔洞时，应用钢丝刷清扫干净，浇水湿润后刷素浆，用比桩高一个强度等级的混凝土填平补齐；

（4）桩身和锚杆周边基层的泥土、浮浆、松动的碎石等用高压水枪和钢丝刷等工具清理干净，露出完整、洁净的结构面且不得有积水；

（5）桩和锚杆之间及周边 250mm 的范围使用钢凿凿毛；

（6）处理桩与基面相交部位的裂缝时，应将裂缝部位剔槽，浇水湿润，将刚性堵漏宝加水后搅拌成腻子状，填入裂缝中，浇水养护不小于 8h；

（7）桩头钢筋及锚杆面上的水泥浆等污染物应用钢丝球或钢丝刷清理干净；

（8）用高压水枪处理桩头时，应用水管或喷水设备将干净的清水充分湿润洁净的桩结构面，使桩身湿透饱和。

### 4. 基层处理剂施工要点

（1）使用与主材相融的基层处理剂，可由主材厂家配套供应。

（2）使用专用的施工机具（机械喷涂和人工工具涂刷）在细部节点的基层上先行涂刷，然后在大面基层上涂刷，涂刷应均匀一致。基层处理剂应满涂，不得漏涂（涂布量一般为 $0.2 \sim 0.3 kg/m^2$）。

（3）基层处理剂干燥后（指触不粘），应及时进行卷材铺贴，长时间不进行卷材施工的基面要清理干净并重新涂刷基层处理剂，如基层处理剂被损坏要重新进行涂刷。

（4）如涂刷基层处理剂后遇到下雨，需要及时清理积水，基层干燥后才能进行卷材施工。如下雨冲坏基层处理剂，要清理积水，待基层干燥后，再对冲坏的部位重新涂刷基层处理剂。

（5）涂刷基层处理剂后，不能踩踏，不能在未干燥的基面上堆放杂物和材料。基面未干燥时，不能进行下道工序的施工，现场必须拉警示线和设置醒目标牌进行提示。

## 3.2.2　附加层的设置及施工要点

在铺设大面积卷材防水层之前，应先按相关规范和设计要求对细部节点部位的防水附加层进行施工。附加层应选用与大面防水层相同品种的卷材，或者采用与卷材相融的涂料

（厚度为 2mm）。复杂细部节点附加层也可采用涂膜与卷材复合或密封材料与卷材复合的构造做法。

**1. 三面交角部位附加层标准做法**

在防水工程中,基层的三面阴阳角交接部位施工较复杂,当采用单层卷材时,宜先在三面相交部位先热熔 50mm×50mm 的卷材,按标准图样裁剪附加层卷材后,再进行粘贴;当采用双层卷材时,宜采用涂膜和卷材复合的附加防水构造处理措施,即先在附加层区域距角 10mm 处涂抹橡胶沥青防水涂膜材料或密封材料,按标准图样裁剪附加层卷材后再进行粘贴;三面交角部位卷材附加层的裁剪及组合方式按图 3-1~图 3-5 进行。

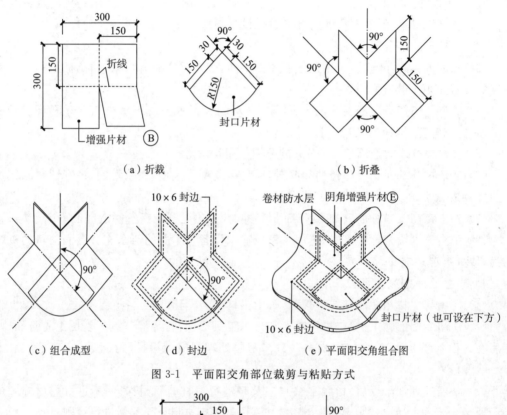

图 3-1　平面阳交角部位裁剪与粘贴方式

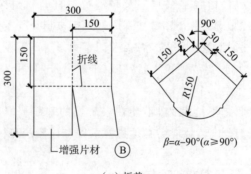

（a）折裁

图 3-2　斜面阳交角裁剪与粘贴方式

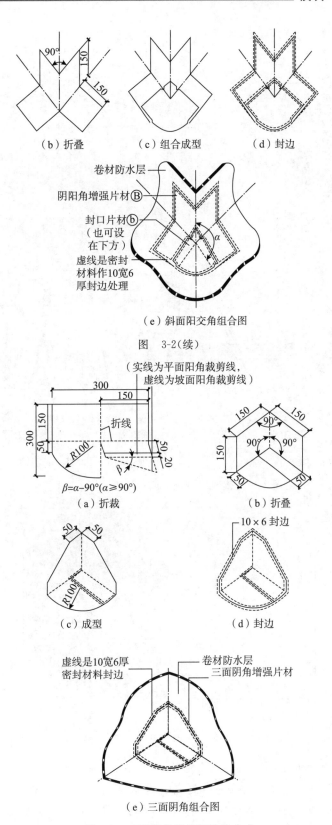

（b）折叠　　　（c）组合成型　　　（d）封边

卷材防水层

阴阳角增强片材Ⓑ

封口片材ⓑ
（也可设
在下方）

虚线是密封
材料作10宽6
厚封边处理

（e）斜面阳交角组合图

图　3-2（续）

（实线为平面阳角裁剪线，
虚线为坡面阳角裁剪线）

$\beta = \alpha - 90°(\alpha \geqslant 90°)$

（a）折裁　　　　　　　　（b）折叠

10×6封边

（c）成型　　　　　　　　（d）封边

虚线是10宽6厚
密封材料封边

卷材防水层
三面阴角增强片材

（e）三面阴角组合图

图3-3　三面阴角裁剪与粘贴方式

（实线为平面阳角裁剪线，虚线为坡面阳角裁剪线）

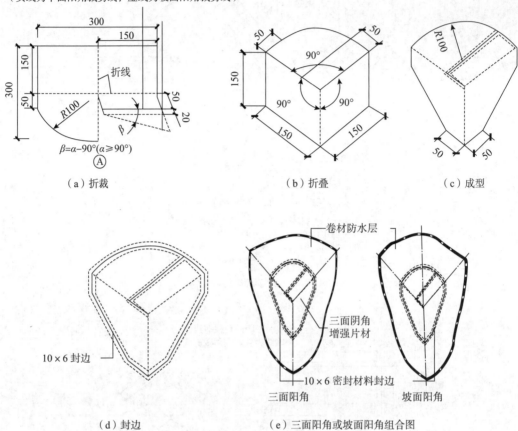

（a）折裁　　　　　　　　　　　（b）折叠　　　　　　　　　（c）成型

（d）封边　　　　　　　　（e）三面阳角或坡面阳角组合图

图 3-4　三面阳角或坡面阳角裁剪与粘贴方式

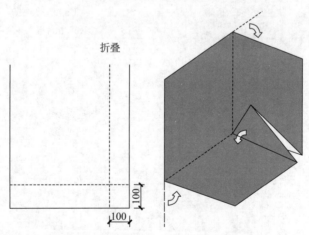

图 3-5　三面阴角部位不裁剪的折叠方式

### 2. 地下防水工程附加层

地下防水工程附加层包括结构底板后浇带附加层、地下工程底板上基坑的附加层、永久性保护墙部位附加层、底板垫层与外围护结构相交部位附加层、伸出立墙面管道的附加层和地下工程结构变形缝的附加层。

1) 结构底板后浇带附加层

结构底板后浇带附加层如图 3-6 所示。

(1) 施工工艺流程如下：基层处理→在后浇带的上口周边弹线→涂刷基层处理剂→在后浇带内弹卷材的位置线→卷材铺贴→自检→验收。

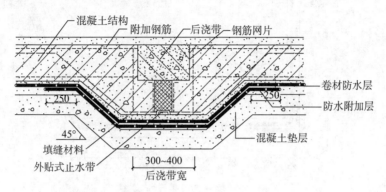

图 3-6 地下工程底板后浇带

(2) 施工要点如下。

① 在后浇带上口弹线时，应确定附加层在后浇带以外的铺贴宽度，要求平行于后浇带的上口且离后浇带的边缘向外 250mm 进行放线。

② 附加层应从两端向中间放线，两个端线的位置应设置在后浇带长短边相交圆弧的拐点部位。

③ 后浇带卷材铺贴应从后浇带两端向中间铺贴。

④ 后浇带附加层卷材应整体铺贴，先铺贴大面，后铺贴阴阳角。附加层卷材的搭接位置不能设置在后浇带的底面，应错位设置在后浇带立面的位置，距后浇带底面的尺寸不小于 10mm。

⑤ 卷材要铺贴平整，不得有空鼓，卷材搭接口要溢出沥青条。

2) 地下工程底板上基坑的附加层

地下工程底板上基坑的附加层如图 3-7 所示。

(1) 铺贴工艺流程如下：弹线→铺贴基坑的四个三面阴角的附加层→铺贴基坑上口四个阳角基坑的附加层→铺贴基坑下口四个阴角的附加层→铺贴基坑内立面与立面相交的四个阴角的附加层→自检→验收。

(2) 施工要点如下。

① 在铺贴附加层之前，应根据附加层的位置和尺寸进行弹线，按照先弹上口、后弹下口、再弹斜边的顺序进行。

② 附加层卷材宽度为 500mm，厚度为 3～4mm。

③ 附加层搭接长度为 100mm。

④ 附加层采用热熔法粘贴边时，要溢出沥青条。

⑤ 附加层应粘贴牢固，不得有空鼓现象。

⑥ 基坑底部三个面相交的阴角部位应预先满粘尺寸为 100mm×100mm 的卷材片材。

3) 永久性保护墙部位附加层

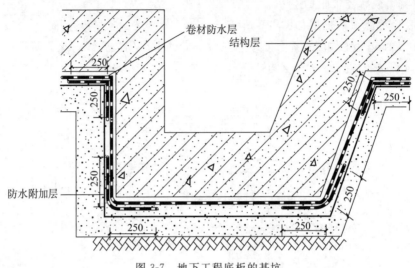

图 3-7　地下工程底板的基坑

永久性保护墙部位附加层如图 3-8 所示。

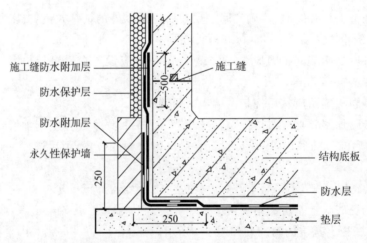

图 3-8　地下室外防外贴法保护墙部位附加层

防水层采用外防外贴时,地下工程结构垫层与永久性保护墙部位附加层施工时顺序与要点如下。

(1)施工顺序如下:基层处理→涂刷基层处理剂→弹线→在三个面相交的阴阳角部位铺贴卷材附加层→铺贴平面阴角部位的附加层→铺贴立面阳角部位的附加层→铺贴立面阴角部位的附加层→自检→验收。

(2)附加层施工要点如下。

① 基层要求与基层处理见 3.2.1 小节所述。

② 在合格的基层上弹线,要求先弹竖直方向,后弹水平方向。

③ 按照规定的方法裁剪后,先铺贴三面阴阳角部位的附加层。

④ 水平方向的附加层分为两种情况:当两端均为阳角或阴角时,卷材应从两端向中间

铺贴;当一端为阳角,另一端为阴角时,卷材应从阴角铺向阳角。

⑤ 附加层卷材在角部或平面部位不能有空鼓,尤其要防止搭接边的内边搭接部位出现空鼓。永久性保护墙立面部位的附加层卷材可以采用点粘、条粘的方式。

⑥ 附加层卷材的搭接宽度为100mm,搭接边应溢出沥青条。

⑦ 铺贴立面附加层时,应由下往上、搭接口朝下。

4)底板垫层与外围护结构相交部位附加层

底板垫层与外围护结构相交部位附加层如图3-9所示。

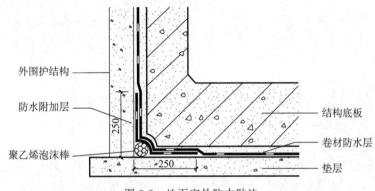

图3-9 地下室外防内贴法

防水层防水施工采用外防内贴时,地下工程结构底板垫层与外围护结构相交部位的附加层施工工艺和要点如下。

(1)施工工艺流程如下:平立面交接部位预做凹槽或者在平立面交接部位预放圆棒→在平、立面弹防水附加层的基准线→铺贴三面阴阳交接部位的防水层→铺贴立面阴角部位的附加层→铺贴立面阳角部位的附加层→铺贴水平方向的附加层→自检→验收。

(2)施工要点如下。

① 在平、立面交接的部位进行找平层施工时,应预先在阴角的部位向内凹半径为50mm的内圆弧,或者在防水施工前采用直径为50mm的聚苯圆棒粘贴在阴角部位。

② 弹附加层定位线时,要求先弹竖直方向,后弹水平方向,当附加层的宽度为500mm,弹线长度超过10m时,应分段进行。

③ 附加层在立面应点粘或空铺,在平面宜满粘,在转角的圆弧部位应空铺。

④ 应先粘贴立面附加层,后粘贴水平方向的附加层。立面附加层的搭接边要朝下搭接。水平方向的附加层分为两种情况:当两端均为阳角或阴角时,卷材应从两端向中间铺贴;当两端一边为阳角,另一边为阴角时,卷材应从阴角铺向阳角。工作面分段施工时,按分段后的工作面进行调整。

⑤ 附加层卷材的搭接宽度为10mm,搭接边时应溢出沥青条。

⑥ 立面卷材附加层(包括阴角与阳角)甩出保护墙的长度为150mm。

5)伸出立墙面管道的附加层

管道防水施工后的成型图(无套管)如图3-10所示。

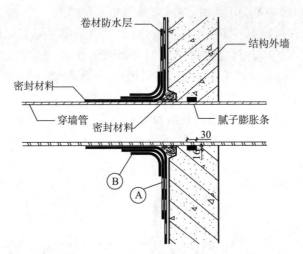

图 3-10　管道防水施工后的成型图(无套管)

(1) 施工工艺流程如下:处理管道与立墙面基层交接部位→涂刷基层处理剂→按照规定的裁剪方法粘贴卷材→自检→验收。

(2) 施工要点如下。

① 地下工程的立墙管道根部与立墙结构面的交接部位应预先剔 25mm×25mm 的凹槽,槽内嵌填改性沥青密封材料。

② 地下工程立墙伸出的管道卷材附加层的裁剪方式如图 3-11 所示。铺贴立墙管道卷材附加层时,应先粘贴Ⓐ再粘贴Ⓑ。Ⓐ的剪口范围粘贴在管道壁上(注:剪口的尺寸为管的

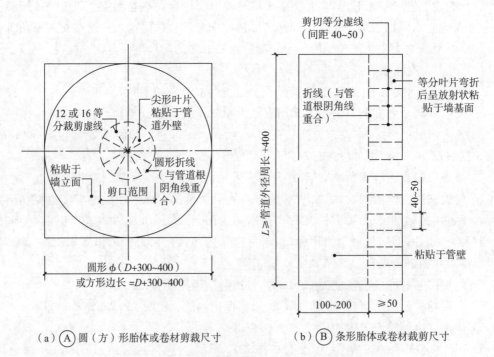

(a) Ⓐ 圆(方)形胎体或卷材剪裁尺寸　　(b) Ⓑ 条形胎体或卷材裁剪尺寸

图 3-11　伸出墙体管道卷材附加层裁剪方式

直径），非剪口范围粘贴在立面的基层上。⑥的等分剪切部位应粘贴在立面的基层上，非等分剪切部位应粘贴在管道壁上。

6）地下工程结构变形缝的附加层

地下工程结构变形缝的附加层如图 3-12 所示。

（1）施工工艺流程如下。

① 底板部位：清理垫层预留缝内的杂物→缝内嵌填柔性材料→在变形缝的部位设置圆棒→铺设附加防水层→铺设主体防水层。

② 立墙部位：清理垫层预留缝内杂物→缝内嵌填柔性材料→在变形缝的部位设置圆棒→铺设附加防水层→铺设主体防水层。

③ 顶板部位：清理垫层预留缝内杂物→缝内嵌填柔性材料→在变形缝的部位设置圆棒→铺设附加防水层→铺设主体防水层。

（2）施工要点如下。

① 施工之前，使用吹风机将变形缝内的杂物清理干净。

② 泡沫圆棒的直径不小于 50mm。

③ 变形缝附加层的宽度为 500mm。

④ 底板的变形缝附加层可以在铺贴大面防水层后进行铺贴，即将卷材附加层铺贴在大面防水卷材上部。立墙与顶板必须先做附加防水层，再铺贴大面防水层。

⑤ 附加防水层的材料可以选择与主体防水材料同材质的改性沥青防水卷材。在变形缝部位，也可以选用与主体材料不同材质的高延伸率的高分子卷材。选用改性沥青卷材作为附加层的厚度不小于 3mm，选用高分子材料作为附加层的厚度不小于 1.2mm。

⑥ 在变形缝部位，附加层选用高延伸性的高分子卷材时应使用预铺反粘式的卷材，卷材必须与结构面粘结。采用外防外贴的立面，卷材附加层必须预先安装在结构外墙的模板上，以便与现浇混凝土密贴在一起。采用外防内贴时，卷材附加层必须粘贴在大面防水层的表面，以便与现浇混凝土密贴，附加层表面不应抹保护层。

⑦ 变形缝部位的附加层可以采用双附加层的方式，即在防水层的外侧采用高聚物改性沥青卷材附加层，在防水层与结构面之间采用高延伸性的高分子卷材附加层。

地下工程结构变形缝及其做法见图 3-12～图 3-15。

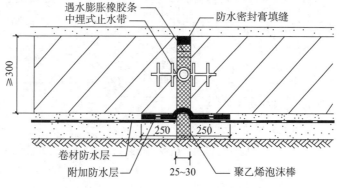

图 3-12　地下工程结构底板变形缝做法一

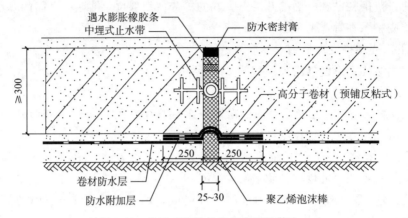

图 3-13　地下工程结构底板变形缝做法二

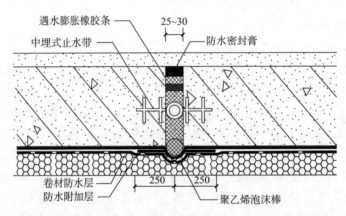

图 3-14　地下工程结构立墙变形缝

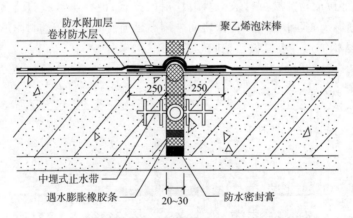

图 3-15　地下工程结构顶板变形缝（中埋式止水带）

## 3.2.3　卷材防水层的铺贴

**1. 卷材铺贴方向**

（1）底板的防水层铺贴方向可以平行于地下底板的任一方向,要求底板的防水层与后浇带、立墙、基坑的防水层相顺相连。

（2）立面的防水层应由下往上滚贴,卷材的短边搭接应朝下,卷材的长边搭接方向应朝向一个方向。

（3）地下室顶板的铺贴方向平行于地下室的任一方向。

**2. 地下工程底板防水层的施工顺序**

（1）处理底板基层:底板基层的要求及不合格基层的处理见3.2.1小节。

（2）涂刷基层处理剂:基层处理剂涂刷要求见3.2.1小节。

（3）弹线:采用专业的弹线器进行弹线。

平面卷材防水层弹线时,可以平行于底板的任意方向,但要考虑与基坑、后浇带、永久性保护墙体的防水层相连接。当平面防水层与基坑、后浇带及保护墙面防水层相垂直而不相顺时,平面防水层的搭接边到基坑、后浇带及保护墙面边缘的最小尺寸为600mm。双层卷材时,搭接缝应错开300mm。弹线分为两种方式:一是在基层上先弹出卷材的所有位置线,再铺贴卷材;二是在基层上弹好位置线后,每铺贴一幅卷材后,再在卷材表面弹线。

（4）附加层的铺贴方法见3.2.2小节。

（5）铺贴底板防水层:大面防水层施工时,应先铺贴后浇带、基坑、保护墙面的防水层,再铺贴大平面的防水层。后浇带、基坑、保护墙面面层的防水层与大平面的防水层要相连接。双层卷材防水层应分层铺贴,卷材防水层与卷材之间应热熔、满粘贴。底板卷材防水层施工时的要点见3.2.1小节。

**3. 立面防水层的铺贴顺序**

（1）处理立面基层:立面基层的要求及不合格基层的处理见3.2.1小节。

（2）涂刷基层处理剂:基层处理剂涂刷见3.2.1小节。

（3）弹线:采用专业的弹线器,施工时,可以一次性弹线,也可以每铺贴一行卷材后,再在卷材的表面弹线,使卷材的搭接边顺直、美观。

（4）铺贴附加层:附加层的铺贴方法见3.2.1小节。

（5）铺贴立面防水层:立面防水层应先铺贴阴阳角、变形缝、后浇带、施工缝等部位及伸出墙面管道的附加层,再铺贴大面卷材防水;铺贴大面卷材时,应由下往上分层铺贴,先铺设细部节点的防水层,再铺贴立墙大面的防水层。

**4. 永久性保护墙部位防水层的铺贴顺序**

（1）处理基层。

（2）处理涂刷基层。

（3）铺贴附加层。

（4）铺贴立面卷材防水层。卷材防水层在地下永久性保护墙立面宜采用条粘或点粘方法;卷材在永久性保护墙上的同层防水卷材甩头可不错开,但上、下两层需要错开,第一道卷材甩槎长度为150mm,第二道卷材甩槎长度为300mm。

（5）永久性保护墙顶面的卷材保护。卷材的表面铺 PE 膜隔离层，在隔离层的上部铺木板或砌砖墙保护，如图 3-16 所示。

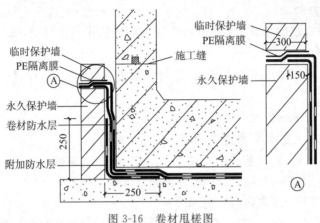

图 3-16　卷材甩槎图

当采用外防外贴法时，永久性保护墙部位的防水层、结构层与结构立墙的防水层连接顺序如图 3-17 和图 3-18 所示。

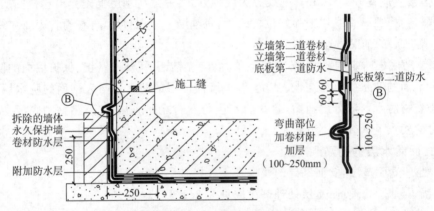

图 3-17　有弯曲现象的接槎

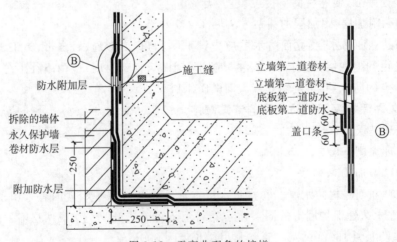

图 3-18　无弯曲现象的接槎

**5. 永久性保护墙部位的防水层与结构立墙的防水层连接顺序**

（1）将永久性保护墙顶部防水层表面的隔离膜和隔离膜以上的临时性保护墙拆除干净，露出原防水层。

（2）将防水层表面的浮浆和杂物清理干净；检查防水层是否有破损现象，有破损要进行修补。

（3）检查甩头的防水层在永久性保护墙的顶部和阴阳角部位的粘结程度。甩头卷材在墙顶面粘结过多，会造成防水层向结构墙体铺贴时不顺直以及在保护墙顶面出现弯曲的现象，而这种弯曲部位的防水卷材的搭接是一种假粘的现象，若不处理，会成为渗漏水的通道。当出现上述现象时，必须将墙顶防水层下部的砖拆除，露出弯曲卷材的下部，用卷材将弯曲部位的搭接口热熔密封。

（4）永久性保护墙的阴阳角部位必须从墙的顶面向下拆除二皮砖，拆除宽度为200mm，便于检查该部位防水卷材的质量。当角的形式发生转换时，即保护墙上的阴角变为结构立墙上的阳角、保护墙上的阴角变为结构立墙上的阳角，可保证卷材搭接的长度和搭接缝的严密。

（5）底板永久性保护墙上的卷材防水层甩槎部位分层粘贴在立墙面上，上、下两层卷材应错开，同层卷材不错开。

（6）结构立墙的施工缝部位应铺贴卷材附加层，卷材的厚度不小于3mm，宽度为300mm。

（7）立墙面卷材与底板永久性保护墙上的卷材防水层搭接长度不小于100mm，宜在搭接部位加120mm的盖口条，应在弯曲部位另加卷材附加层100~250mm。

① 底板后浇带卷材施工顺序如下。

弹线：先弹出后浇带上口周边外沿的边界线（第一道卷材尺寸为1000mm，第二道卷材尺寸为700mm）；再弹后浇带内垂直于后浇带长边方向的卷材定位线，定位线应从两端向中间弹线，以距后浇带短边300~500mm的位置为基准线；后浇带短边卷材的定位线应在铺贴长边方向的卷材后再进行弹线。

铺贴长边方向卷材：根据定位线展铺卷材，确定卷材的长度后，将每幅卷材从两端向中间卷成筒状，热熔卷材时，应将预先卷好的卷材从中间位置向两端铺贴，铺到立面时，应由下往上铺贴。卷材应从后浇带的两端向中间铺贴。

铺贴短边方向卷材：后浇带短边方向的卷材应搭接在长边方向的卷材上部。铺贴时，应根据定位线将卷材展开，确定卷材的长度后，将卷材由高往低成卷滚向搭接部位；施工时，先将卷材搭接部位粘牢，再将二次成卷的卷材由低向高热熔移动，卷材的短边搭接要呈由低往高的方向。

② 立面后浇带卷材施工顺序如下：清理基面的杂物，涂刷基层处理剂；粘贴后浇带部位的卷材附加层，附加层应比后浇带宽150~250mm；铺贴后浇带第一道卷材防水层，卷材应由下往上铺贴；铺贴后浇带第二道卷材防水层。

③ 顶板后浇带卷材施工顺序：顶板后浇带卷材铺贴顺序与立面后浇带铺贴顺序相同。

### 3.2.4 卷材热熔的操作要点

**1. 平面部位**

先将卷材打开,根据平面弹线位置预铺卷材,预铺后,把卷材从两端卷向中间,从中间向两端滚铺粘贴。将加热器对准卷材与基层交接处的夹角(图3-19)加热卷材底面沥青层及基层,加热要均匀,加热器距交界处约200mm往返加热,趁沥青涂盖层呈熔融状态时,边烘烤边向前缓慢地滚铺卷材,使其粘结到基层上,随后用轧辊压实排除空气,并使其粘结紧密。粘贴第二层卷材时,在烘烤上层卷材底面沥青层的同时烘烤下一层卷材上表面沥青层,第二层卷材的长边接缝应与第一层卷材的长边接缝错开1/3~1/2幅宽,卷材的短边接缝错开500mm,上、下两层卷材不得相互垂直铺设,如图3-20和图3-21所示。

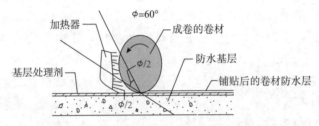

图 3-19 热熔卷材火焰与基层平面的相对位置

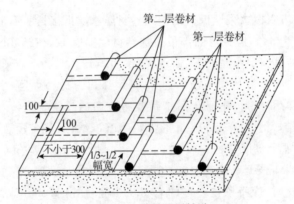

图 3-20 卷材叠层铺贴

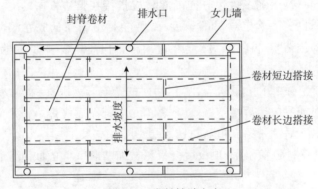

图 3-21 卷材铺贴方向

**2. 立面部位**

先将卷材打开,根据立面弹线位置先将卷材末端热熔固定,再由下往上热熔滚铺铺贴。将加热器对准卷材与基层交接处的夹角,加热卷材底面沥青层及基层,加热要均匀,加热器距交界处约200mm往返加热,趁沥青涂盖层呈熔融状态时,边烘烤边向前缓慢地滚铺卷材,使其粘结到基层上,随后用轧辊压实排除空气,并使其粘结紧密。

粘贴第二层卷材时,在烘烤上层卷材底面沥青层的同时烘烤下一层卷材上表面沥青层。第二层卷材的长边接缝应与第一层卷材的长边接缝错开1/3～1/2幅宽,卷材的短边接缝错50mm,上、下两层卷材不得相互垂直铺设。

**3. 卷材防水层搭接部位的处理及要求**

卷材防水层的搭接部位必须与大面卷材同时热熔,防水层的搭接边必须自然溢出沥青条,不得强行挤出沥青条。搭接部位如图 3-22 所示。

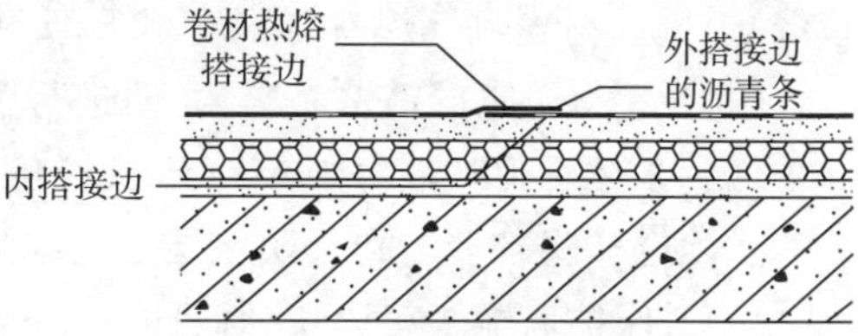

图 3-22 卷材搭接部位

卷材搭接宽度应符合相关技术规范和质量验收规范要求,特别重要或对搭接有特殊要求时,接缝宽度按设计要求施工。一般搭接宽度的规定是 100mm。

在热熔处理搭接缝操作中,未溢出沥青密封条的必须进行返工处理,但不能使用加热器直接对搭接部位的卷材进行加热,应用加热器将金属专用工具刀表面加热成高温状态,再将金属专用工具刀插入未溢出沥青条的搭接缝中,通过专用工具刀的高温熔化卷材表面的沥青,抽出专用工具刀后,使用压辊反复压实溢出沥青条。

## 3.2.5 外防外贴法卷材防水施工

外防外贴法是待结构边墙(钢筋混凝土结构外墙)施工完成后,先在垫层上铺贴底层卷材,四周留出接头,待底板混凝土和立面混凝土浇筑完毕,将立面卷材防水层直接铺设在防水结构的外墙外表面,最后做卷材防水层的保护层。

外防外贴法具体施工顺序如下。

(1) 浇筑防水结构底板混凝土垫层,在垫层上抹 1:3 水泥砂浆找平层,抹平、压光。

(2) 在底板垫层上砌永久性保护墙,保护墙的高度为 $B+(200\sim500\mathrm{mm})$($B$ 为底板厚度),墙下平铺一层油毡条。

(3) 在永久性保护墙上砌临时性保护墙,保护墙的高度为 150×(油毡层数+1)。临时性保护墙应用石灰砂浆砌筑。

(4) 在永久性保护墙和垫层上抹 1:3 水泥砂浆找平层,转角要抹成圆弧形。在临时性保护墙上抹石灰砂浆做找平层,并刷石灰浆。若用模板代替临时性保护墙,应在其上涂刷隔离剂。

(5) 保护墙找平层基本干燥后,满涂冷底子油一道。临时性保护墙不涂冷底子油。

(6) 在垫层及永久性保护墙铺贴卷材防水层,在转角处加贴卷材附加层。铺贴时,应先底面、后立面,四周接头甩槎部位应交叉搭接并贴于保护墙上,从垫层折向立面的卷材与永久性保护墙的接触部位应用胶结材料紧密贴严,与临时性保护墙(或围护结构模板接触部位)应分层临时固定在该墙(或模板)上。

(7)油毡铺贴完毕,在底板垫层和永久性保护墙卷材面上涂抹热沥青或玛碲脂,并趁热撒上干净的热砂,冷却后再垫层。永久性保护墙和临时性保护墙上抹1:3水泥砂浆,作为卷材防水层的保护层。

(8)浇筑防水结构的混凝土底板和墙身混凝土时,保护墙作为墙体外侧的模板。

(9)防水结构混凝土浇筑完工并检查验收后,拆除临时保护墙,清理甩槎接头的卷材,如有破损,应进行修补后,再依次分层铺贴防水结构外表面的防水卷材。此处卷材可错槎接缝,上层卷材盖过下层卷材不应小于150mm,接缝处加盖条。

(10)卷材防水层铺贴完毕,立即进行渗漏检验,有渗漏立即修补,无渗漏时砌永久性保护墙。永久性保护墙每隔5~6m及转角处应留缝,缝宽不小于20mm,缝内用油毡或沥青麻丝填塞。保护墙与卷材防水层之间缝隙,用1:3水泥砂浆填满。

(11)保护墙施工完毕,随即回填土。

### 3.2.6　外防内贴法卷材防水施工

外防内贴法是地下工程卷材铺贴的方法之一。外防内贴法是在结构边墙(钢筋混凝土结构外墙)施工前先浇筑混凝土垫层,在垫层上将永久性保护墙全部砌好,抹水泥砂浆找平层,将卷材防水层直接铺贴在垫层和永久性保护墙上的一种卷材施工方法。

其施工顺序如下。

(1)做混凝土垫层,如保护墙较高,可采取加大永久性保护墙下垫层厚度的做法,必要时,可配置加强钢筋。

(2)在混凝土垫层上砌永久性保护墙,保护墙厚度采用一砖墙,在其下干铺一层油毡。

(3)保护墙砌好后,在垫层和保护墙表面抹1:3水泥砂浆找平层,阴阳角处应抹成钝角或圆角。

(4)找平层干燥后,刷冷底子油1~2遍,冷底子油干燥后,将卷材防水层直接铺贴在保护墙和垫层上。铺贴卷材防水层时,应先铺立面,后铺平面。铺贴立面时,应先铺转角,后铺大面。

(5)卷材防水层铺贴完毕,应及时做好保护层。平面上可浇一层30~50mm的细石混凝土,或抹一层1:3水泥砂浆,立面保护层可在卷材表面涂一道沥青胶结料,趁热撒一层热砂,冷却后,再在其表面抹一层1:3水泥砂浆保护层并搓成麻面,以利于与混凝土墙体的粘结。

(6)浇筑防水结构的底板和墙体混凝土。

(7)回填土。

### 3.2.7　外防外贴法施工与外防内贴法施工的区别

**1. 卷材铺贴的顺序**

(1)地下工程结构防水施工有外防外贴与外防内贴两种方法。地下工程采用外防外贴时,若某些部位施工工作面狭小,工人不能进入工作面进行操作时,该部位宜采取外防内贴的方式。

(2)外防外贴法是将平面防水层粘贴在底板垫层上,立面防水层粘贴在结构立墙上。采用外防外贴法时,应先做结构底板垫层上的防水层,后做结构立墙的防水层。

(3)外防内贴法是将平面防水层粘贴在结构的底板垫层上,立面防水层粘贴在外围护结构上。外防内贴法根据现场实际情况选择平、立面的施工顺序,可以先做立面后做平面,也可以先做平面再做立面。

**2. 立面(包括外防外贴和外防内贴)防水层的铺贴顺序**

铺贴顺序如下:处理立面基层→涂刷基层处理剂→弹线→铺贴附加层→铺贴立面防水层。

(1)弹线:施工时,可以一次性弹线,也可以每铺贴一行卷材后再在卷材的表面弹线,使卷材的搭接边顺直、美观。

(2)铺贴立面防水层:立面防水层应先铺贴阴阳角、变形缝、后浇带、施工缝等部位及伸出墙面管道的附加层,再铺贴大面卷材防水层。

(3)铺贴大面卷材时,应由下往上分层铺贴,先铺设细部节点的防水层,再铺贴立墙大面的防水层。

**3. 外防外贴时,永久性保护墙部位防水层的铺贴顺序**

铺贴顺序如下:基层处理→涂刷基层处理剂→铺贴附加层→铺贴立面卷材防水层→永久性保护墙顶面的卷材保护。

(1)铺贴立面卷材防水层:卷材防水层在地下永久性保护墙立面宜采用条粘或点粘的方法。

(2)卷材在永久性保护墙上的同层防水卷材甩头可不错开,但上、下两层需要错开,第一道卷材甩槎长度为150mm,第二道卷材甩槎长度为300mm。

(3)永久性保护墙顶面的卷材保护:卷材的表面铺PE膜隔离层,在隔离层的上部铺木板或砌砖墙保护。

学习笔记

## 学生任务单

学生任务单见表 3-11。

表 3-11　学生任务单

<table>
<tr><td rowspan="4">基本信息</td><td>姓名</td><td></td><td>班级</td><td></td><td>学号</td><td></td></tr>
<tr><td>任务名称</td><td colspan="5"></td></tr>
<tr><td>小组成员</td><td colspan="5"></td></tr>
<tr><td>任务分工</td><td colspan="5"></td></tr>
<tr><td></td><td>完成日期</td><td colspan="2"></td><td>完成效果</td><td colspan="2">（教师评价）</td></tr>
<tr><td rowspan="2">明确任务</td><td>任务目标</td><td colspan="5">1. 知识目标<br><br>2. 能力目标<br><br>3. 素质目标</td></tr>
<tr><td>依据规范</td><td colspan="5">（建议学生指明具体条款）</td></tr>
<tr><td rowspan="2">自学记录</td><td>课前准备</td><td colspan="5">（根据老师的课前任务布置，说明学习了什么内容，查阅了什么资料，浏览了什么资源等）</td></tr>
<tr><td>拓展学习</td><td colspan="5">（除了老师布置的预习任务，自己还学习了什么内容，查阅了什么资料等）</td></tr>
</table>

续表

| 任务<br>实施 | 重点记录 | （完成任务过程中用到的知识、规范、方法等） | | | | | |
|---|---|---|---|---|---|---|---|
| 任务<br>总结 | 存在问题 | （任务学习中存在的问题） | | | | | |
| | 解决方案 | （是如何解决的） | | | | | |
| | 其他建议 | | | | | | |
| 学习<br>反思 | 不足之处 | | | | | | |
| | 待解问题 | | | | | | |
| 任务<br>评价 | 自我评价<br>（100分） | 任务学习<br>（20分） | 目标达成<br>（20分） | 实施方法<br>（20分） | 职业素养<br>（20分） | 成果质量<br>（20分） | 分值 |
| | | | | | | | |
| | 小组评价<br>（100分） | 任务承担<br>（20分） | 时间观念<br>（20分） | 团队合作<br>（20分） | 能力素养<br>（20分） | 成果质量<br>（20分） | 分值 |
| | | | | | | | |
| | 教师评价<br>（100分） | 任务执行<br>（20分） | 目标达成<br>（20分） | 团队合作<br>（20分） | 能力素养<br>（20分） | 成果质量<br>（20分） | 分值 |
| | | | | | | | |
| | 综合得分 | 自我评价分值（30%）＋小组评价分值（30%）＋教师评价分值（40%） | | | | | |

## 任务练习

**一、单项选择题**

1. 地下防水工程,选用高聚物改性沥青防水卷材(SBS)厚度不应小于3mm,单层使用时厚度一般不应小于(   )mm。

    A. 3                 B. 4

    C. 5                 D. 6

2. 铺贴地下工程卷材外防水时,按其保护墙施工先后顺序及卷材设置方法主要分为外防外贴法和(   )。

    A. 内防外贴法

    B. 内防内贴法

    C. 外防内贴法

    D. 外防外涂法

3. 地下防水施工时,厚度小于(   )mm的高聚物改性沥青防水卷材,严禁采用热熔法施工。

    A. 2                 B. 3

    C. 4                 D. 5

4. 地下防水卷材外防外贴法施工时,永久保护墙的高度要比底板混凝土高出(   )mm,内面需抹好水泥砂浆找平层。

    A. 100～200            B. 200～500

    C. 500～800            D. 800～1000

5. 地下防水工程单层自粘聚合物聚酯胎改性沥青防水卷材的最小厚度为(   )mm。

    A. 2                 B. 3

    C. 4                 D. 1.5

6. 上、下层卷材长边搭接缝应错开,且不应小于幅宽的(   )。

    A. 1/2              B. 1/3

    C. 1/4              D. 2/3

7. 地下防水工程SBS改性沥青防水卷材施工,其短边搭接长度为100mm,长边应搭接(   )mm。

    A. 120             B. 50

    C. 80               D. 100

8. 卷材防水层铺贴完毕,应立即进行渗漏检验,有渗漏立即修补,无渗漏时砌永久性保护墙。永久性保护墙每隔5～6m及转角处应留缝,缝宽不小于(   )mm,缝内用油毡或沥青麻丝填塞。

    A. 5                 B. 10

    C. 8                 D. 20

9. 防水结构混凝土浇筑完工并检查验收后,拆除临时保护墙,清理出甩槎接头的卷材,如有破损,应进行修补后再依次分层铺贴防水结构外表面的防水卷材。此处卷材可错槎接缝,上层卷材盖过下层卷材不应小于( )mm,接缝处加盖条。

A. 50                      B. 80

C. 120                 D. 150

10. 地下防水工程施工中,卷材细部节点搭接宽度应( )mm。

A. 不小于100

B. 不大于100

C. 不小于150

D. 不大于150

11. 两层防水卷材施工中,长边接缝错开( ),短边接缝错开( )。

A. 1/4~1/3;500mm

B. 1/4~1/3;400mm

C. 1/3~1/2;500mm

D. 1/3~1/2;400mm

12. 立墙面卷材与底板永久性保护墙上的卷材防水层在搭接缝部位宜加( )mm的盖口条。

A. 150

B. 100

C. 200

D. 120

13. 地下工程的立墙管道根部与立墙的结构面的交接部位应预先剔( )凹槽,槽内嵌填改性沥青密封材料。

A. 30mm×30mm

B. 20mm×20mm

C. 25mm×25mm

D. 50mm×50mm

14. 弹线长度超过( )m时,应分段进行。

A. 18

B. 21

C. 15

D. 10

## 二、判断题

1. 地下工程卷材防水层应铺设在混凝土结构主体的背水面上。 ( )

2. 地下工程SBS改性沥青卷材防水,两幅卷材短边搭接宽度不小于100mm,长边的搭接宽度不小于80mm。 ( )

3. 铺贴双层防水卷材时,上、下两层卷材应相互垂直铺贴。 ( )

4. 卷材防水层的铺贴方向应正确,卷材搭接宽度的允许偏差为—15mm。 ( )

# 任务 3.3 地下工程涂膜防水施工

### 知识目标

1. 熟悉地下工程涂膜防水层的施工要求；
2. 掌握地下工程涂膜防水层的施工方法。

### 能力目标

1. 能识读施工图、选择合适的防水涂料和施工机具；
2. 能进行地下工程涂料防水施工。

### 思政目标

1. 养成节约资源的习惯；
2. 养成规范施工的习惯；
3. 具有良好的团队意识、协作能力，并能吃苦耐劳。

### 相关知识链接

微课

### 思想政治素养养成

以典型工作任务引入，通过小组合作、实践操作及企业师傅示范，学生体会一线建设者的辛苦，树立劳动出成果的劳动价值观，将爱岗、敬业、法治、诚信的价值观内化于心，形成专注、执着、守规、创新的职业素养。

### 任务描述

本工程以框剪混凝土结构为主的高层住宅小区为例，规划总建筑面积约为 37000m²。地下共 2 层，地下室面积为 13000m²。1#楼的地下室混凝土已经浇筑完成，需要对地下室外墙进行涂膜防水作业。针对以上概况编制一份地下室工程涂膜防水作业指导书。

**思考：**

1. 在本工程中采用涂膜防水时，需要参考哪些规范？
2. 如何编制一份地下室工程涂膜防水作业指导书？

### 岗位技能点

1. 能选择绿色环保防水涂料和施工机具；
2. 能按照规范进行地下工程涂料防水施工。

### 任务点

1. 地下工程涂膜防水的施工要求；
2. 地下工程涂膜防水的施工方法。

▷ 任务前测

　　1. 地下工程涂膜防水施工质量验收中需要用到哪些规范？

_____

_____

_____

_____

　　2. 防水涂膜施工前有哪些基层处理要求？

_____

_____

_____

_____

　　3. 涂膜防水的施工过程中应重点注意哪些环节？

_____

_____

_____

_____

▷ 预习笔记

## 完成任务所需的支撑知识

## 3.3.1　地下涂膜防水层施工要求

　　涂料防水层适用于受侵蚀性介质作用或受震动作用的地下工程。有机防水涂料宜用于主体结构的迎水面，无机防水涂料宜用于主体结构的迎水面或背水面。

　　有机防水涂料应采用反应型、水乳型、聚合物水泥等涂料；无机防水涂料应采用掺外加剂、掺合料的水泥基防水涂料或水泥基渗透结晶型防水涂料。

　　**1. 施工前准备**

　　1）地下室外墙找平层施工前的基层处理

　　（1）基层面上的泥土浮浆必须铲除并冲洗干净，将高凹处的混凝土凿除、修平。

　　（2）所有穿墙管件、卫生设备等必须安装牢固，接缝严密，收头圆滑，不得有任何松动现象。

（3）对突出墙面的螺栓必须割掉，凿除木垫块，割进墙面 20mm，对割除的螺栓端头用 1：2 水泥防水砂浆修平。

（4）找平层施工前应先刷界面剂，当找平层厚度大于 10mm 时分两次粉刷界面剂，阳角应做成半径为 10mm 的圆角；阴角宜做成直径不小于 5mm 的圆角。

2）防水涂料施工前的基层处理

（1）防水基层应清洁、平整、干燥，如有凹凸不平、松动起砂、蜂窝麻面等缺陷，应用 1：3 速凝或早强水泥砂浆找平；如有油污、铁锈等，要用钢丝刷、砂纸和有机溶剂清除干净。对阴阳角、管道根部等部位，更应认真清理。

（2）对地下室底板面标高以下 300mm，必须用清水冲洗干净，要及时抽掉坑底积水，至少应低于底板面标高下 400m，且持续到防水层施工结束养护 3d 为止。

（3）严格控制基层湿度，基层的含水率必须小于 8％。

3）有机防水涂料基面应干燥

当基面较潮湿时，应涂刷湿固化型胶结剂或潮湿界面隔离剂。用无机防水涂料施工前，基面应充分润湿，但不得有明水。

4）多组分涂料

应按配合比准确计量多组分涂料，搅拌均匀，并应根据有效时间确定每次配制的用量。

**2. 施工要求**

（1）涂料应分层涂刷或喷涂，涂层应均匀；涂刷应待前遍涂层干燥成膜后进行；每遍涂刷时，应交替改变涂层的涂刷方向，同层涂膜的先后搭压宽度宜为 30～50mm。

（2）涂料防水层的甩槎处接缝宽度不应小于 100mm，接涂前，应将其甩槎表面处理干净。

（3）采用有机防水涂料时，基层阴阳角处应做成圆弧；应在转角处、变形缝、施工缝、穿墙管等部位增加胎体增强材料和增涂防水涂料，宽度不应小于 50mm。

（4）胎体增强材料的搭接宽度不应小于 100mm，上、下两层和相邻两幅胎体的接缝应错开 1/3 幅宽，且上、下两层胎体不得相互垂直铺贴。

（5）涂料防水层完工并经验收合格后，应及时做保护层。

① 顶板的细石混凝土保护层与防水层之间宜设置隔离层。细石混凝土保护层厚度规定：机械回填时不宜小于 70mm，人工回填时不宜小于 50mm。

② 底板的细石混凝土保护层厚度不应小于 50mm。

③ 侧墙宜采用软质保护材料或铺抹 20mm 厚 1：2.5 水泥砂浆。

## 3.3.2　地下涂膜防水施工工艺

涂膜施工的顺序如下：基层处理→涂刷底层卷材（即聚氨酯底胶、增强涂布或增补涂布）→涂布第一道涂膜防水层（聚氨酯涂膜防水材料、增强涂布或增补涂布）→涂布第二道（或面层）涂膜防水层（聚氨酯涂膜防水材料）→稀撒石渣→铺抹水泥砂浆→粘贴保护层。

（1）涂布顺序为先垂直面，后水平面；先阴阳角及细部，后大面。每层的涂布方向应互相垂直。前、后两层涂料之间涂刷应互相垂直,同层涂膜先后搭压宽度宜为 30～50mm,错开 100mm。

(2)胎体增强材料搭接要求如下:布的长边搭接≥80mm,短边搭接≥100mm,空鼓率≤10%。

(3)遇阴阳角转角、施工缝处、螺栓修补处,先涂刷 1～2 度涂料岩,加贴一层胎体增强材料,胎体增强材料面宽度应为跨中心各 100mm,并用涂料覆盖 2 度,涂层应宽于胎体增强材料 100mm。外墙面与底板相交处复合层应不小于 200mm,外墙面与底板相连时应涂刷至底板底标高下 200mm。

(4)防水涂膜表面应平整密实不得有漏涂、翘边、开口、开裂、起鼓等现象,雨、雾、霜气候下应停止施工。

(5)防水涂膜经验收合格后,做好保护层,方能进行回填土。保护层应符合下列规定:顶板细石混凝土保护层与防水层之间宜设置隔离层;侧墙宜采用聚苯乙烯泡沫塑料保护层,或砌砖保护墙(边砌边填实)和铺抹 30mm 厚水泥砂浆。

(6)涂膜厚度见表 3-12。

表 3-12  涂膜厚度

| 防水等级 | 设防道数 | 有机涂料 | | | 无机涂料 | |
|---|---|---|---|---|---|---|
| | | 反应型 | 水乳型 | 聚合物水泥 | 水泥基 | 水泥基渗透晶型 |
| Ⅰ级 | 三道或三道以上设防 | 1.2～2.0 | 1.2～1.5 | 1.5～2.0 | 1.5～2.0 | ≥0.8 |
| Ⅱ级 | 二道设防 | 1.2～2.0 | 1.2～1.5 | 1.5～2.0 | 1.5～2.0 | ≥0.8 |
| Ⅲ级 | 一道设防 | | | ≥2.0 | ≥2.0 | |
| | 复合设防 | | | ≥1.5 | ≥1.5 | |

📝 学习笔记

_____

_____

_____

_____

_____

_____

_____

_____

_____

_____

_____

_____

## 学生任务单

学生任务单见表 3-13。

表 3-13　学生任务单

| 基本信息 | 姓名 | | 班级 | | 学号 | |
|---|---|---|---|---|---|---|
| | 任务名称 | | | | | |
| | 小组成员 | | | | | |
| | 任务分工 | | | | | |
| | 完成日期 | | | 完成效果 | （教师评价） | |
| 明确任务 | 任务目标 | 1. 知识目标<br><br>2. 能力目标<br><br>3. 素质目标 | | | | |
| | 依据规范 | （建议学生指明具体条款） | | | | |
| 自学记录 | 课前准备 | （根据老师的课前任务布置，说明学习了什么内容，查阅了什么资料，浏览了什么资源等） | | | | |
| | 拓展学习 | （除了老师布置的预习任务，自己还学习了什么内容，查阅了什么资料等） | | | | |

续表

| 任务<br>实施 | 重点记录 | （完成任务过程中用到的知识、规范、方法等） | | | | | |
|---|---|---|---|---|---|---|---|
| 任务<br>总结 | 存在问题 | （任务学习中存在的问题） | | | | | |
| | 解决方案 | （是如何解决的） | | | | | |
| | 其他建议 | | | | | | |
| 学习<br>反思 | 不足之处 | | | | | | |
| | 待解问题 | | | | | | |
| 任务<br>评价 | 自我评价<br>（100 分） | 任务学习<br>（20分） | 目标达成<br>（20分） | 实施方法<br>（20分） | 职业素养<br>（20分） | 成果质量<br>（20分） | 分值 |
| | | | | | | | |
| | 小组评价<br>（100 分） | 任务承担<br>（20分） | 时间观念<br>（20分） | 团队合作<br>（20分） | 能力素养<br>（20分） | 成果质量<br>（20分） | 分值 |
| | | | | | | | |
| | 教师评价<br>（100 分） | 任务执行<br>（20分） | 目标达成<br>（20分） | 团队合作<br>（20分） | 能力素养<br>（20分） | 成果质量<br>（20分） | 分值 |
| | | | | | | | |
| | 综合得分 | | | | | | |
| | | 自我评价分值 30％＋小组评价分值 30％＋教师评价分值 40％ | | | | | |

## 任务练习

**一、单项选择题**

1. 地下防水工程中,有机防水涂料的厚度不应小于( )mm。
   A. 1.0
   B. 1.2
   C. 1.5
   D. 2.0

2. 地下防水工程涂刷水泥基渗透结晶型防水材料的防水层厚度不应小于( )mm。
   A. 0.8
   B. 1.0
   C. 1.2
   D. 1.5

3. 水乳型防水涂料防水施工时的环境温度宜为( )℃。
   A. 0～40
   B. 0～35
   C. 5～40
   D. 5～35

4. 为了保证水性防水涂膜的厚度、密实性及力学性能,涂料施工提倡( )。
   A. 一次成膜
   B. 二次涂布
   C. 多遍均匀涂布
   D. 前一道表面未干燥前施工

5. 涂料应分层涂刷或喷涂,涂层应均匀;涂刷应待前遍涂层干燥成膜后进行;每遍涂刷时,应交替改变涂层的涂刷方向,同层涂膜的先后搭压宽度宜为( )mm。
   A. 10～20
   B. 15～25
   C. 25～30
   D. 30～50

6. 涂料防水层的甩槎处接缝宽度不应小于( )mm,接涂前,应将其甩槎表面处理干净。
   A. 20          B. 50
   C. 80          D. 100

**二、判断题**

1. 防水涂料应多遍涂布,并应待前一遍涂布的涂料表面干燥后,再涂布后一遍涂料,且前、后两遍涂料的涂布方向宜相互垂直。 ( )

2. 涂膜防水施工时,应将环境温度控制在 0℃以上。 ( )

# 任务 3.4 厕浴间防水施工

## 知识目标

1. 了解防水工程等级与材料选用方法;
2. 熟悉厕浴间防水构造要求;
3. 掌握厕浴间防水施工的工艺流程;
4. 掌握厕浴间防水工程质量验收标准。

## 能力目标

1. 能根据建筑类别、防水等级和防水项目正确选用防水材料;
2. 能判别厕浴间防水构造;
3. 会编制厕浴间防水施工技术方案;
4. 能够对厕浴间进行防水质量验收。

## 思政目标

1. 树立安全施工、保护环境的工作意识;
2. 树立质量优先的理念,培养遵守规范的职业操守、责任意识;
3. 培养善于思考、细致分析的能力。

## 相关知识链接

微课

## 思想政治素养养成

1. 通过案例的情境创设,引发学生对漏水原因的思考,培养小组间团结协作、共同查找相关案例的合作精神;结合生活中的实际,善于思考,对标规范,分析出漏水的原因。

2. 通过案例分析,发现漏水带来的困扰以及后续产生的一系列不利影响,树立质量优先、规范施工、严把质量验收关的工作意识。

## 任务描述

A 女士与 B 女士是楼上楼下的邻居,两家曾因漏水问题交涉过,A 女士在卫生间地面上做了防水处理,漏水现象得到缓解,但并未完全解决问题,还有渗漏现象。其后,B 女士再就漏水问题找 A 女士解决时,A 女士则以居住的楼房设计不合理、年久失修、漏水问题普遍存在等理由没有再进行维修。

**思考:**

1. 卫生间漏水一般有哪些原因?

2. 针对卫生间漏水,应该如何维修?

3. 在卫生间装修施工过程中,如何确保后期不漏水?

**岗位技能点**

1. 能正确选用防水材料进行施工；
2. 会编制厕浴间防水施工技术方案；
3. 能够对厕浴间进行防水质量验收。

**任务点**

1. 防水工程等级与材料；
2. 厕浴间防水构造；
3. 厕浴间防水施工工艺流程；
4. 厕浴间防水工程质量验收。

**任务前测**

1. 住宅楼厕浴间的防水等级是几级？地面设防要求是什么？

_____

_____

_____

2. 住宅楼厕浴间的防水层有哪些构造？

_____

_____

_____

3. 防水层施工中涂料的涂刷对尺寸的要求是什么？

_____

_____

_____

4. 防水涂料施工方案包括哪些内容？

_____

_____

_____

_____

5. 如何进行基层处理？

_____

_____

_____

_____

6. 厕浴间防水涂料施工工艺流程是什么?

_____

_____

_____

_____

7. 厕浴间防水施工与验收需要用到哪些规范?

_____

_____

_____

_____

8. 蓄水试验的具体要求是什么?

_____

_____

_____

_____

> 预习笔记

## 完成任务所需的支撑知识

## 3.4.1　厕浴间防水等级与材料选用

根据建筑类别、地面设防要求将防水等级划分为三个等级,具体见表3-14。

按不同等级确定设防层次与选用合适的防水材料,具体见表3-15。

**表 3-14　防水等级**

| 项　目 | 防 水 等 级 | | |
|---|---|---|---|
| | Ⅰ | Ⅱ | Ⅲ |
| 建筑类别 | 要求高的大型公共建筑、高级宾馆、纪念性建筑等 | 一般公共建筑、餐厅、商住楼、公寓等 | 一般建筑 |
| 地面设防要求 | 二道防水设防 | 一道防水设防或刚柔复合防水 | 一道防水设防 |

表 3-15  防水材料选用表

| 项 目 | | 防 水 等 级 | | | | |
|---|---|---|---|---|---|---|
| | | I | II | | | III |
| 选用材料 | 地面(mm) | 合成高分子防水涂料厚 1.5,聚合物水泥砂浆厚 15,细石防水混凝土厚 40 | 防水材料 | 单独用 | 复合用 | 高聚合物改性沥青防水涂料厚 2 或防水砂浆厚 20 |
| | | | 高聚合物改性沥青防水涂料 | 3 | 2 | |
| | | | 合成高分子防水涂料 | 1.5 | 1 | |
| | | | 防水砂浆 | 20 | 10 | |
| | | | 聚合物水泥砂浆 | 7 | 3 | |
| | | | 细石防水混凝土 | 40 | 40 | |
| | 墙面(mm) | 聚合物水泥砂浆厚 10 | 防水砂浆厚 20、聚合物水泥砂浆厚 7 | | | 防水砂浆厚 20 |
| | 天棚 | 合成高分子涂料憎水剂 | 憎水剂或防水素浆 | | | 憎水剂 |

## 3.4.2  厕浴间防水构造要求

### 1. 结构层

室内有水房间的结构楼板,一般都用现浇钢筋混凝土板。四周墙身部位(除门洞外)同时整体浇筑高不小于 120mm 的钢筋混凝土翻边,翻边高度应从砌体部位的结构层算起,翻边的宽度应与墙宽相同。

### 2. 找坡层

室内地面应通过找坡层向地漏处按设计要求找出一定坡度,一般为 2%,保证地面排水通畅,找坡层厚度小于 30mm 时,可用水泥砂浆。厕浴间一般采取迎水面防水。找坡层最低部位应与地漏边沿平齐,防止地漏周边积水。一般情况下室内厕浴间门槛部位为最高点,地漏为室内厕浴间的最低点,以防止在使用过程中出现倒水现象。

### 3. 找平层

找平层应采用 1:2.5~1:3 的水泥砂浆,水泥砂浆中宜掺外加剂,或地面找坡、找平采用 C20 细石混凝土,要求一次压实、抹平、抹光。表面应坚固、洁净、干燥,不得有酥松、起砂和起皮现象。阴阳角处应做成半径为 10mm 的均匀一致的平滑小圆角。

### 4. 防水层

地面防水层优先使用聚氨酯防水涂料、聚合物水泥基防水涂料、聚合物乳液防水涂料等涂膜防水涂料做防水层。卫生间采用涂膜防水时,一般应将防水层布置在结构层与地面面层之间,以便使防水层受到保护。立面防水层的高度应高于室内面层 300mm,有淋浴的部位立面防水层的高度不小于 1800mm。对于穿出地面的管道,其预留孔洞应采用细石混凝土填塞,管根四周应设凹槽,并用密封材料封严,且应与地面防水层相连接。

### 5. 防水保护层

(1)一般用水泥砂浆做保护层,厚度不小于 30mm。在保护层施工之前,即最后一遍涂料后,应立即在立面涂料防水层的表面撒粗砂粒,或者用素水泥加胶搅拌后在防水层表面甩毛(拉毛)。

(2)室内长期泡水池的防水保护层外侧有面层时(如游泳池),保护层的厚度不应小于40mm,保护层内要设置构造钢筋。

**6. 面层**

地面装饰层按设计要求选材。

## 3.4.3 厕浴间防水构造图

室内防水构造如图 3-23 和图 3-24 所示。

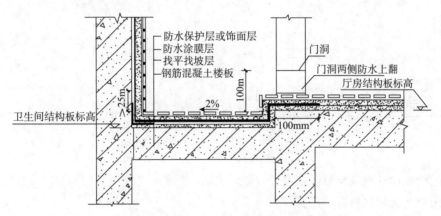

图 3-23 普通室内厕浴间防水构造

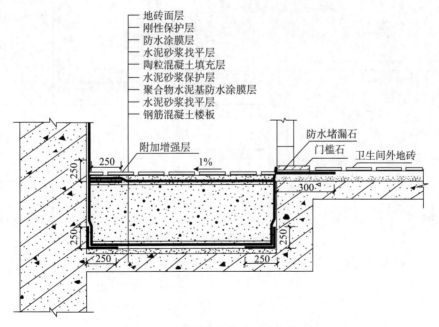

图 3-24 室内降板式房间防水构造

### 3.4.4　厕浴间防水细部构造

楼、地面的防水层在门口处应水平延展,且向外延展的长度不应小于500mm,向两侧延展的宽度不应小于200mm(图3-25)。

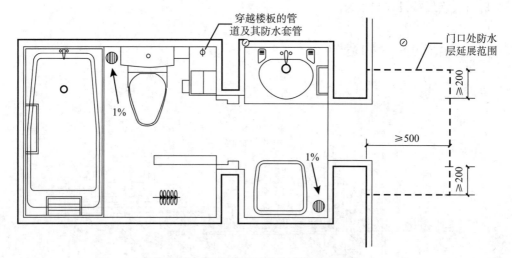

图 3-25　楼、地面门口处防水层延展示意

穿越楼板的管道应设置防水套管,高度应高出装饰层完成面20mm以上;套管与管道间应采用防水密封材料嵌填压实(图3-26)。

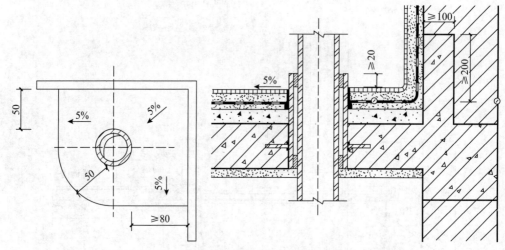

图 3-26　厕浴间转角墙下水管防水构造

地漏、坐便器、排水立管等穿越楼板的管道根部应用密封材料嵌填压实(图3-27 和图3-28)。

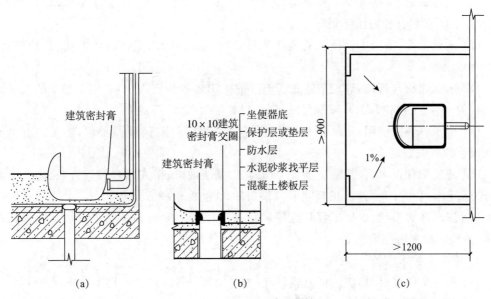

图 3-27　厕浴间坐便器防水构造

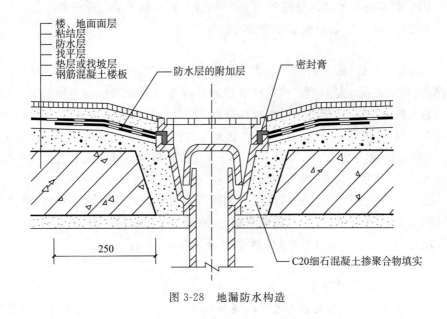

图 3-28　地漏防水构造

## 3.4.5　厕浴间防水施工工艺

**1. 施工准备**

1) 图纸会审

(1) 掌握设计意图、设防构造要求、防水层的类别、采用的防水材料及性能指标要求。

(2) 根据防水构造设计和节点处理方法,确定施工程序和施工方法。

2) 编制详细的施工方案

通过图纸会审和现场勘察,明确细部构造和技术要求,并应编制施工方案。

（1）工程概况：包括整个工程简况，防水等级、防水层构造层次、设防要求、建筑类型和结构特点、防水层合理使用年限等。

（2）质量目标：防水工程施工的具体质量目标、预控标准、质量验收方法、归档资料的内容和要求等。

（3）施工组织与管理：确定防水工程施工的组织者和负责人，负责施工操作的人员，技术交底的内容、工序检验的步骤和要求，现场材料堆放、运输等的要求。

（4）防水材料的使用：防水材料的类型、名称、性能等指标，质量要求，施工注意事项，运输储存的有关规定等。

（5）施工操作技术：包括施工准备工作内容、基层要求、节点增强处理方法、施工工艺、操作方法和技术要求等，施工的环境和气候条件、成品保护的方法等。

（6）安全注意事项：根据工程特点明确防水工程施工中的各种安全注意事项，如防水要求、劳动保护和防护措施等。

3）施工前技术准备

（1）进场的防水材料，应抽样复验，并应提供检验报告。严禁使用不合格材料。

（2）防水材料及防水施工过程不得对环境造成污染。

（3）穿越楼板、防水墙面的管道和预埋件等，应在防水施工前完成安装。

（4）住宅室内防水工程的施工环境温度宜为 5～35℃。

4）施工前材料准备

（1）进场材料复验：防水材料进场时，应有生产厂家提供的产品质量合格证、防伪标记，并按要求取样复验。复验项目均应符合国家标准及有关技术性能指标要求，对有胎体增强材料的涂膜防水层，还应进行防水材料与胎体增强材料的相容性试验。材料进场一批应抽样复验一批，并做好记录。各项材料指标复验合格后，该材料方可用于工程施工。

（2）材料的储存：材料进场后，设专人保管和发放。材料不能露天放置，必须分类存放在干燥通风的室内，并远离火源，严禁烟火。

（3）机具准备：一般应备有配料用的电动搅拌器、拌料桶、磅秤等，涂刷涂料用的短把棕刷、毛刷、滚动刷、盛料桶、塑料或橡皮刮板等，清理基层用的钢丝刷、油灰刀、锤子、凿子、铺贴胎体增强材料用的剪刀或壁纸刀、卷尺、压碾辊等。

**2. 防水材料**

1）单组分聚氨酯防水涂料

单组分聚氨酯防水涂料又称为湿固化型聚氨酯防水涂料，它通过和空气中的湿气反应而固化交联成膜，无有害溶剂挥发，属于最新一代绿色环保型防水涂料。其可用于卫生间的防水、防潮，也可用于水池的防腐。

单组分聚氨酯防水涂料有优异的力学性能和低温性能，施工简便，涂膜无接缝，具有良好的粘结力；绿色环保，固体含量高；对基面含水率适应性强，可在潮湿的基面上施工，也可以在相对湿度较大的条件下施工；不用现场配料，省时省工。

2）聚合物水泥基类防水涂料

聚合物水泥基防水涂料是由合成高分子聚合物乳液加入各种添加剂优化组合而成的液料，并与配套的粉料（由特种水泥、级配砂组成）复合而成的双组分防水涂料，是一种既有合成高分子聚合物材料弹性高,又有无机材料耐久性好的特点的防水材料。水泥聚合物防水涂料是柔性防水涂料,优先使用于室内无长期泡水的环境中。

3)丙烯酸防水涂料

丙烯酸防水涂料是以纯丙烯酸聚合物乳液为基料,加入其他添加剂而制成的单组分水乳型防水涂料,适用于室内无长期泡水的环境中。

**3. 单组分聚氨酯防水涂料施工方法**

1)施工工艺流程

施工工艺流程如下:清理(检查)基层→修补基层涂刷基层→处理细部构件节点→涂刷阴、阳角部位附加层的施工→涂刷第一遍防水涂料→涂刷第二遍防水涂料→涂刷面层涂料→质量验收→闭水试验→场地清理→成品保护。

2)操作要点

(1)清理(检查)基层。

① 检查基层面是否有孔洞或凹凸不平、穿楼板的管道是否密集、横向管道到基面的距离、基层是否松动等情况。

裂缝:对于建筑物在其他项目施工过程中造成的裂缝(非结构层),应根据裂缝的大小采取不同的处理措施,裂缝宽度较小(<2mm)的采用刚性堵漏材料抹平密实缝隙,裂缝宽度较大(>2mm)、较深的采用沿缝开槽的处理办法,将裂缝剔成 V 形槽,采用吹风机将灰尘杂物吹净,向槽内填充刚性堵漏材料密实缝隙。

平整度:对于局部范围的凹陷,可以向凹陷部位填充水泥砂浆抹平;对于局部的凸起,可以采用处理工具将凸起部位铲除。对于大范围的凹凸不平,应采用水泥砂浆进行找平找坡处理。

浮浆:在抹平压光的基层表面,有与基层整体脱离的水泥浆片,必须采用砂纸或钢丝刷将其打磨处理,直至露出坚实的基层表面。

起砂:在基层反复搓动的情况下,存在有大量砂粒脱离基层的现象,需要采用水泥砂浆对基层进行整体找平处理。

尖锐突出物:当基层有尖锐的石子或砂粒凸起时,会导致涂刷的涂膜刺破,需要将尖锐突出物用机具削平。

② 基层表面要清理干净,应坚实平整,无浮浆,无起砂、裂缝现象。

③ 与基层相连接的各类管道、地漏、预埋件、设备支座等应安装牢固。

④ 管根、地漏与基层的交接部位,应预留宽 10mm、深 10mm 的环形凹槽,槽内应嵌填密封材料。

⑤ 基层的阴、阳角部位宜做成圆弧形。

⑥ 基层表面不得有积水,基层的含水率应满足施工要求。

(2)修补基层。

① 如基层有凹凸不平、松动、孔洞等现象,应先将松动部位、高的部位剔平整,再用 1∶3 的水泥砂浆找平。

② 若基层管根部位出现松动情况,应将松动的基层剔除干净,用水泥砂浆或刚性堵漏材料进行修补。

③ 若室内防水基层的阴、阳角无圆弧,应采用聚合物水泥砂浆进行施工。

(3) 处理防水层细部构造。

① 地漏或管道的周边嵌填密封胶。

② 伸出平、立面的管道,地漏周边,在大面防水层施工之前,应在阴阳角的部位涂刷附加防水涂膜层。附加防水涂膜层长度见表 3-16。

表 3-16　附加防水涂膜层长度

| 附加层部位 | 具体要求 | 附加层长度(mm) |
|---|---|---|
| 管道周边 | 管道处 | 高度≥100 |
|  | 防水基层处 | 宽度≥200 |
| 地漏 | 地漏 | 宽度 300 |
|  | 伸入地漏口内 | 宽度≥100 |
|  | 地漏周边 | 宽度≥200 |
| 阴阳角 | 阴阳角处 | 宽度 300 |
|  | 交界处 | 中线上、下各 150 |

③ 若附加层部位设计有网格布增强层,网格布铺贴后应浸透,不得出现褶皱现象。

(4) 涂刷。

① 确定涂刷范围,上墙施工部位必须弹线,保证涂料收边平齐。用橡胶刮板将涂料在基层上均匀涂刮,涂刷时要均匀且厚度一致,不能有局部堆积,并应多次涂刮使涂料与基层之间不留气泡,涂料厚度为 0.5mm。

② 待第一道涂料完全固化后(不少于 24h),再进行第二道涂料施工,用橡胶刮板将涂料均匀涂刮,方向与第一次垂直,涂料厚度为 0.5mm。

③ 待第二道涂料完全固化后(不少于 24h),再进行第三道涂料施工,用橡胶刮板将涂料均匀涂刮,方向与第二次垂直,涂料厚度为 0.5mm(涂刷要求至少三遍,直至达到规范的厚度要求),以提高涂膜表面的平整、光洁效果。涂膜的收头应多遍涂刷,以保证完好的防水效果,防水涂刷如图 3-29 所示。

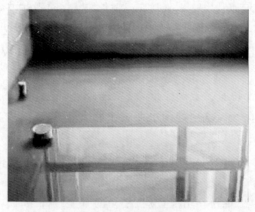

图 3-29　防水涂刷

（5）质量验收。

① 闭水试验之前，要检查防水层的质量，涂料防水层不能有气泡、分层、堵塞等现象。

② 闭水试验之前，涂料必须完全固化，做到不粘手、不起皮，角部和管根部位要干透。

（6）闭水试验。

① 在防水层固化后，蓄水 24h，水位要高于最高点 2cm，以不渗漏为合格。

② 保护层或面层施工后，要再次进行闭水试验，如有渗漏水现象，应剔除保护层检查防水层，直到不渗漏水为止。

（7）清理场地。

应将施工现场材料、垃圾清理干净。

（8）施工安全管理与成品保护。

① 根据施工条件，应设置照明和通风设施。

② 水乳型防水涂料的储存环境温度应在 5℃以上。

③ 材料必须密封储存于阴凉干燥处，严禁与水接触。存放材料的地点和施工现场必须通风良好。

④ 地漏要防止杂物堵塞，确保排水畅通。

⑤ 施工前，应做好防水与土建工序的合理安排，严禁在施工完的防水层上打眼凿洞。

⑥ 防水施工现场应做好安全防护措施，防水层成膜前，禁止人员在工作面上踩踏。

⑦ 施工时，防水涂料应薄涂、多遍施工，前、后两遍的涂刷方向应相互垂直，涂层厚度应均匀，不得有漏刷或堆积现象；应在前一遍涂层固化后，再涂刷下一遍涂料；施工时，宜先涂刷立面，后涂刷平面；夹铺胎体增强材料时，应使防水涂料充分浸透胎体层，不得有褶皱、翘边现象。

## 3.4.6 厕浴间防水质量验收

室内防水工程闭水试验不得有渗漏水现象；涂膜防水层应粘结牢固，不得有空鼓、翘边、褶皱及封口不严等现象；涂膜防水层应达到设计要求，厚薄均匀一致，表面平整；地漏、阴阳角、管根等细部做法应符合设计要求，管道畅通，无杂物堵塞。

**1. 一般规定**

（1）室内防水工程质量验收的程序和组织，应符合现行国家标准《建筑工程施工质量验收统一标准》（GB 50300—2013）的规定。

（2）住宅室内防水施工的各种材料应有产品合格证书和性能检测报告。材料的品种、规格、性能等应符合国家现行有关标准和防水设计的要求。

（3）防水涂料、防水卷材、防水砂浆和密封胶等防水、密封材料应进行见证取样复验，复验项目及现场抽样要求应按规范执行。

（4）住宅室内防水工程应以每一个自然间或每一个独立水容器作为检验批，逐一检验。

（5）室内防水工程验收后，工程质量验收记录应进行存档。

**2. 基层验收**

基层验收项目见表 3-17。

表 3-17　基层验收项目

| 项目 | 检查内容 | 检验方法 | 检验数量 |
|---|---|---|---|
| 主控项目 | 防水基层所用材料的质量及配合比,应符合设计要求 | 检查出厂合格证、质量检验报告和计量措施 | 按材料进场批次为一检验批 |
| | 防水基层的排水坡度,应符合设计要求 | 用坡度尺检查 | 全数检验 |
| 一般项目 | 防水基层应抹平、压光,不得有疏松、起砂、裂缝 | 观察检查 | 全数检验 |
| | 阴、阳角处宜按设计要求做成圆弧形,且应整齐平顺 | 观察检查 | 全数检验 |
| | 防水基层表面平整度的允许偏差不宜大于4mm | 用2m靠尺和楔形塞尺检查 | 全数检验 |

**3. 防水与密封的验收**

(1) 通过检查出厂合格证、质量检验报告和现场抽样复验报告,对进场防水材料、密封材料、配套的相关材料进行检查,所检测的材料应符合设计和施工要求,且相互之间应具有相容性。

(2) 通过观察及查看隐蔽工程验收记录的方法,检查在转角、地漏、伸出基层的管道等部位,防水层的细部构造是否符合相应的附加层做法。

(3) 观察涂膜防水层是否涂刷均匀,且无漏刷。通过涂膜测厚仪或现场取 20mm×20mm 的样块的方法检测防水层的厚度是否符合设计要求,且最小厚度不应小于设计厚度的 90%,或防水层每平方米涂料用量应符合设计要求。

(4) 密封材料的嵌填宽度和深度应符合设计要求,嵌填应密实、连续、饱满,粘结牢固,无气泡、开裂、脱落等缺陷。防水层不得渗漏。

(5) 涂膜防水层应与基层粘结牢固,表面平整,涂刷均匀,不得有流淌、褶皱、鼓泡、露胎体和翘边等缺陷。

(6) 观察涂膜防水层的胎体增强材料,检查其是否铺贴平整,每层的短边搭接缝是否相互错开。

(7) 密封材料表面应平滑,缝边应顺直,周边无污染。密封接缝宽度的允许偏差应为设计宽度的 ±10%。

**4. 蓄水试验**

(1) 现场蓄水试验。在防水层完成后应进行蓄水试验检测,楼、地面蓄水高度不应小于 20mm。

(2) 蓄水试验前,应封堵试验区域内的排水口。最浅处蓄水深度不应小于 25mm,且不应大于立管套管和防水层收头的高度。

(3) 蓄水试验时间不应小于 24h,并应由专人负责观察和记录水面高度与背水面渗漏情况;如果出现渗漏,应立即停止试验。

(4) 蓄水试验结束后,应及时排除蓄水。

（5）当蓄水试验发现渗漏水现象时，应记录渗漏的具体部位，并判定该测区及检测单元不合格。

学习笔记

## 学生任务单

学生任务单见表 3-18。

表 3-18  学生任务单

| 基本信息 | 姓名 | | 班级 | | 学号 | |
|---|---|---|---|---|---|---|
| | 任务名称 | | | | | |
| | 小组成员 | | | | | |
| | 任务分工 | | | | | |
| | 完成日期 | | | 完成效果 | （教师评价） | |
| 明确任务 | 任务目标 | 1. 知识目标<br><br>2. 能力目标<br><br>3. 素质目标 | | | | |
| | 依据规范 | （建议学生指明具体条款） | | | | |
| 自学记录 | 课前准备 | （根据老师的课前任务布置,说明学习了什么内容,查阅了什么资料,浏览了什么资源等） | | | | |
| | 拓展学习 | （除了老师布置的预习任务,自己还学习了什么内容,查阅了什么资料等） | | | | |

| 任务<br>实施 | 重点记录 | （完成任务过程中用到的知识、规范、方法等） | | | | | |
|---|---|---|---|---|---|---|---|
| 任务<br>总结 | 存在问题 | （任务学习中存在的问题） | | | | | |
| | 解决方案 | （是如何解决的） | | | | | |
| | 其他建议 | | | | | | |
| 学习<br>反思 | 不足之处 | | | | | | |
| | 待解问题 | | | | | | |
| 任务<br>评价 | 自我评价<br>（100分） | 任务学习<br>（20分） | 目标达成<br>（20分） | 实施方法<br>（20分） | 职业素养<br>（20分） | 成果质量<br>（20分） | 分值 |
| | | | | | | | |
| | 小组评价<br>（100分） | 任务承担<br>（20分） | 时间观念<br>（20分） | 团队合作<br>（20分） | 能力素养<br>（20分） | 成果质量<br>（20分） | 分值 |
| | | | | | | | |
| | 教师评价<br>（100分） | 任务执行<br>（20分） | 目标达成<br>（20分） | 团队合作<br>（20分） | 能力素养<br>（20分） | 成果质量<br>（20分） | 分值 |
| | | | | | | | |
| | 综合得分 | 自我评价分值30%＋小组评价分值30%＋教师评价分值40% | | | | | |

## 任务练习

**一、单项选择题**

1. 室内有水房间的结构楼板，一般都用现浇钢筋混凝土板。四周墙身部位(除门洞外)同时整体浇筑高度不小于(  )mm 的钢筋混凝土翻边。

A. 10　　　　　　　　　　　　B. 50

C. 100　　　　　　　　　　　D. 120

2. 室内地面应通过找坡层向地漏处按设计要求找出一定坡度，一般为(  )，保证地面排水通畅，找坡层厚度小于 30mm 时，可用水泥砂浆。

A. 0.5%　　　　　　　　　　B. 1%

C. 2%　　　　　　　　　　　D. 5%

3. 找平层应采用 1:2.5～1:3 的水泥砂浆，水泥砂浆中宜掺外加剂，或地面找坡、找平采用(  )细石混凝土，要求一次压实、抹平、抹光。

A. C15　　　　　　　　　　　B. C20

C. C30　　　　　　　　　　　D. C45

4. 立面防水层的高度应高于室内面层 300mm，有淋浴的部位立面防水层的高度不小于(  )mm。

A. 500　　　　　　　　　　　B. 800

C. 1200　　　　　　　　　　D. 1800

5. 对于穿出地面的管道，其预留孔洞应采用细石混凝土填塞，管根四周应设凹槽，并用密封材料封严，且应与地面(  )相连接。

A. 结构层　　　　　　　　　　B. 防水层

C. 找坡层　　　　　　　　　　D. 找平层

6. 管根、地漏与基层的交接部位，应预留(  )的环形凹槽，槽内应嵌填密封材料。

A. 宽 1mm、深 1mm　　　　　B. 宽 5mm、深 5mm

C. 宽 10mm、深 10mm　　　　D. 宽 50mm、深 50mm

7. 用橡胶刮板将涂料均匀涂刮在基层上，厚度一致，涂料厚度为(  )mm。

A. 0.1　　　　　　　　　　　B. 0.5

C. 2　　　　　　　　　　　　D. 5

8. 闭水试验，在防水层固化后，蓄水(  )h，水位要高于最高点 2cm，以不渗漏为合格。

A. 2　　　　　B. 8　　　　　C. 12　　　　　D. 24

9. 通过图纸会审和现场勘查，明确防水工程细部构造和技术要求，并应编制施工方案，以下选项中不属于施工方案的内容是(  )。

A. 工程概况　　　　　　　　　B. 质量目标

C. 钢筋材料的使用　　　　　　D. 施工操作技术

10. 密封材料表面应平滑,缝边应顺直,周边无污染。密封接缝宽度的允许偏差应为设计宽度的(　　)。

　　A. 5% 　　　　　　　　　　　　B. ±8%

　　C. ±10% 　　　　　　　　　　　D. 15%

11. 蓄水试验前,应封堵试验区域内的排水口。最浅处蓄水深度不应小于(　　)mm,且不应大于立管套管和防水层收头的高度。

　　A. 0.5 　　　　　　　　　　　　B. 5

　　C. 15 　　　　　　　　　　　　D. 25

12. 住宅室内防水工程应以(　　)作为检验批逐一检验。

　　A. 每1个楼层 　　　　　　　　　B. 每5个自然间

　　C. 每5个楼层 　　　　　　　　　D. 每1个自然间

**二、案例分析题**

小王家购买了新房,找了熟人李老板进行装修,因为小王对装修的期待及好奇,所以他去装修现场查看装修情况。在卫生间防水涂料涂刷后5h,小王私自进入卫生间,用手触摸墙面防水,事后并未告诉李老板,待装修入住后,发现卫生间墙面的反面有乳胶漆涂料翘皮脱落现象,还有几处很潮湿。

1. 为什么卫生间墙面的反面墙是潮湿的?

_____

_____

_____

_____

_____

2. 施工中如何注意防护?

_____

_____

_____

_____

_____

3. 针对此次问题,提出整改措施。

_____

_____

_____

_____

_____

# 任务 3.5  建筑外墙防水施工

### 知识目标

1. 熟悉建筑外墙防水构造设计及施工的要求；
2. 掌握建筑外墙防水防护工程施工；
3. 明确如何控制防水施工质量。

### 能力目标

1. 能选择材料和机具进行规范施工；
2. 具备及时处理外墙渗漏水的能力。

### 思政目标

1. 培养学生良好的沟通能力；
2. 建立"以人为本、安全文明施工"的职业情感；
3. 提高分析问题、解决问题的能力。

### 相关知识链接

微课

### 思想政治素养养成

引用案例促使学生自主探究，激发学生分析问题、解决问题的能力；分小组实践培养学生的团队意识和沟通能力；通过亲自实践经历，感受施工中可能存在的危险因素，让学生懂得敬畏生命、珍爱生命，培养学生的安全意识。

### 任务描述

某居民楼顶层内墙面靠水落管处发生霉变，经仔细查看后，发现外墙洇湿大片，居民不得不请专业维修人员进行修缮。

**思考：**

1. 造成外墙洇湿大片的原因是什么？
2. 假如你是维修人员，该如何进行修缮活动？
3. 建筑外墙防水施工时，应注意哪些问题？

### 岗位技能点

1. 能选择材料和机具进行规范施工；
2. 能及时处理外墙渗漏等问题；
3. 能按照现行建筑外墙防水施工质量验收规范检验防水施工质量。

## 任务点

1. 外墙防水构造设计的规定；
2. 外墙防水施工的规定；
3. 外墙防水施工工艺；
4. 外墙防水施工质量验收。

## 任务前测

1. 外墙防水施工的一般规定是什么？

2. 外墙涂膜防水施工工艺是什么？

3. 外墙砂浆防水施工工艺是什么？

4. 外墙防水隐蔽工程检验内容是什么？

5. 外墙涂膜防水层质量检验要求及方法是什么？

6. 外墙砂浆防水层质量检验要求及方法是什么？

📖 完成任务所需的支撑知识

建筑外墙防水应根据工程所在地区的工程防水使用环境类别进行整体防水设计。建筑外墙门窗洞口、雨篷、阳台、女儿墙、室外挑板、变形缝、穿墙套管和预埋件等节点应采取防水构造措施,并应根据工程防水等级设置墙面防水层。

## 3.5.1　外墙防水构造设计一般规定

### 1. 墙面防水层

墙面防水层做法应符合下列规定。

(1) 防水等级为一级的框架填充或砌体结构外墙,应设置 2 道及以上防水层。防水等级为二级的框架填充或砌体结构外墙,应设置 1 道及以上防水层。当采用 2 道防水时,应设置 1 道防水砂浆及 1 道防水涂料或其他防水材料。

(2) 防水等级为一级的现浇混凝土外墙、装配式混凝土外墙板应设置 1 道及以上防水层。

(3) 封闭式幕墙应达到一级防水要求。

### 2. 门窗洞口节点构造

门窗洞口节点构造防水和门窗性能应符合下列规定。

(1) 门窗框与墙体间连接处的缝隙应采用防水密封材料嵌填和密封。

(2) 门窗洞口上楣应设置滴水线。

(3) 门窗性能和安装质量应满足水密性要求。

(4) 窗台处应设置排水板和滴水线等排水构造措施,排水坡度不应小于 5%。

### 3. 雨篷、阳台、室外挑板等防水构造

雨篷、阳台、室外挑板等防水做法应符合下列规定。

(1) 雨篷应设置外排水,坡度不应小于 1°,且外口下沿应做滴水线。雨篷与外墙交接处的防水层应连续,且防水层应沿外口下翻至滴水线。

(2) 开敞式外廊和阳台的楼面应设防水层,阳台坡向水落口的排水坡度不应小于 1°,并应通过雨水立管接入排水系统,水落口周边应留槽嵌填密封材料。阳台外口下沿应做滴

水线。

（3）室外挑板与墙体连接处应采取防雨水倒灌措施和节点构造防水措施。

**4. 外墙变形缝、穿墙管道、预埋件等节点防水**

外墙变形缝、穿墙管道、预埋件等节点防水做法应符合下列规定。

（1）变形缝部位应采取防水加强措施。当采用增设卷材附加层措施时，卷材两端应满粘于墙体，满粘的宽度不应小于150mm，并应钉压固定，卷材收头应采用密封材料密封。

（2）穿墙管道应采取避免雨水流入措施和内外防水密封措施。

（3）外墙预埋件和预制部件四周应采用防水密封材料连续封闭。

（4）对于使用环境为Ⅰ类且强风频发地区，建筑外墙门窗洞口、雨篷、阳台、穿墙管道、变形缝等处的节点构造应采取加强措施。

（5）装配式混凝土结构外墙接缝及门窗框与墙体连接处应采用密封材料、止水材料和专用防水配件等进行密封。

## 3.5.2 外墙防水施工一般规定

（1）外墙防水层的基层应平整、坚实、牢固。

（2）外门窗框与门窗洞口之间的缝隙应填充密实，接缝密封。

（3）砂浆防水层分格缝嵌填密封材料前，应清理干净，密封材料应嵌填密实。

（4）装配式混凝土结构外墙板接缝密封防水施工应符合下列规定：施工前，应将板缝空腔清理干净；板缝空腔应按设计要求填塞背衬材料；密封材料嵌填应饱满、密实、均匀、连续、表面平滑，厚度应符合设计要求。

## 3.5.3 外墙涂膜防水施工

**1. 施工条件**

（1）外墙防水施工的环境温度宜为5～35℃，施工时应采取安全防护措施；严禁在雨天、雪天和五级及以上大风天气施工。

（2）基层要平整、牢固，不得有空鼓、开裂或起砂等缺陷，应将基层表面的尘土、杂物、表面残留的灰浆硬块及凸出部分扫净、刮平、压光，阴、阳角处应抹成圆弧或钝角。

（3）基层表面应保持干燥，含水率不大于9%。

（4）凸出墙面的管根、排水口、阴阳角变形缝等处易发生渗漏的部位，应预先做完附加层等增补处理，经检查后，办理隐蔽工程验收。

**2. 施工准备**

1）技术准备

（1）进行技术交底，明确施工人员的岗位责任。

（2）确定质量检验程序、检验内容、检验方法。

（3）做好工程基本状况和施工状况记录，并记录工程检查与验收所需资料等。

2）材料准备

常用防水涂料有聚氨酯防水涂料、石油沥青聚氨酯防水涂料、硅橡胶防水涂料和丙烯酸酯防水涂料等。所用防水涂料的性能应符合《建筑外墙防水工程技术规程》(JCJ/T 235—2011)的要求,均应有产品合格证、性能检测报告,并符合国家或行业标准规定。

3)施工机具准备

施工机具准备见表 3-19。

表 3-19　施工机具

| 序号 | 机具名称 | 用　途 | 序号 | 机具名称 | 用　途 |
|---|---|---|---|---|---|
| 1 | 扫帚 | 清理基层 | 7 | 长柄滚刷 | 涂料 |
| 2 | 小平铲 | 清理基层 | 8 | 油漆刷 | 涂料 |
| 3 | 吹灰器 | 清理基层 | 9 | 橡胶刮板 | 涂料 |
| 4 | 磅秤 | 配料称量 | 10 | 喷涂机械 | 喷涂基层处理剂、涂料 |
| 5 | 铁桶或塑料桶 | 装混合料 | 11 | 电动、手动搅拌器 | 拌合多组分材料 |
| 6 | 圆滚刷 | 涂刷基层处理剂涂料 | | | |

### 3. 防水层施工

1)工艺流程

工艺流程如下:清理基层→涂刷基层处理剂→细部构造增强处理→涂料配料和搅拌→涂膜防水施工→验收→保护层施工。

2)操作要点

(1)清理基层。

将基层上的灰浆、浮灰及附着物等清理干净,并用腻子将基层上的凹坑、缝隙等补好找平,待基层彻底干燥后,方可进行涂料施工。

(2)涂刷基层处理剂。

防水涂料涂刷前,宜涂刷基层处理剂,可选择与防水涂料相配套的基层处理剂。

(3)细部构造增强处理。

施工前,应对节点部位进行密封或增强处理,然后进行大面积的涂料施工。

(4)涂料配料和搅拌。应满足下列要求。

① 双组分涂料配制前,应将液体组分搅拌均匀,配料应按照规定要求进行,不得任意改变配合比。

② 应采用机械搅拌,配制好的涂料应色泽均匀,无粉团、沉淀。

(5)涂膜防水施工。注意事项如下。

① 涂膜宜多遍完成,后遍涂布应在前遍涂层干燥成膜后进行。

② 每遍涂布应交替改变涂层的涂布方向,同一涂层涂布时,先后接槎宽度宜为 30~50mm。

③ 涂膜防水层的甩槎部位不得污损,接槎宽度不应小于 100mm。

④ 胎体增强材料应铺贴平整,不得有褶皱和胎体外露,胎体层充分浸透防水涂料;胎体的搭接宽度不应小于 50mm;胎体的底层和面层涂膜厚度均不应小于 0.5mm。

(6)验收。

涂膜固化后,需进行泼水或淋雨试验,如有渗漏,必须进行返工修复至合格。

（7）保护层施工。

涂膜防水层完工并经检验合格后,应及时做好饰面层。

### 3.5.4 外墙砂浆防水施工

**1. 施工条件**

（1）外墙防水施工的环境温度宜为5～35℃,施工时应采取安全防护措施;严禁在雨天、雪天和五级及以上大风天气施工。

（2）外墙结构表面清理干净后,方可处理界面。

（3）主体结构验收合格,外墙的预埋件、各种管道已安装完毕,阳台栏杆已装好。

（4）门窗安装合格,窗框与墙体间缝隙清理干净,并用水泥砂浆分层、分遍堵塞严密。

（5）找平层砂浆的强度和厚度应符合设计要求,厚度在10mm以上时,应分层压实、抹平。

**2. 施工准备**

（1）技术准备:防水砂浆施工前,应编制专项施工方案,并进行技术交底。

（2）材料准备:选用聚合物防水砂浆,所用防水砂浆的性能应符合《建筑外墙防水工程技术规程》(JCJ/T 235—2011)的要求,均应有产品合格证、性能检测报告,并符合国家或行业标准规定。

（3）施工机具准备:同外墙涂膜防水施工。

**3. 防水层施工**

1）工艺流程

工艺流程如下:清理基层→涂刷基层处理剂→细部构造增强处理→砂浆配料和搅拌→防水砂浆施工→养护。

2）操作要点

（1）清理基层:基层表面应为平整的毛面,光滑表面应做界面处理,并充分湿润。

（2）涂刷基层处理剂:基层处理剂的品种和配比应符合设计要求,拌合应均匀一致,无粉团、沉淀等缺陷,涂层应均匀,不露底。待表面干燥后,及时进行防水砂浆的施工。

（3）细部构造增强处理:外墙防水层施工前,宜先做好节点处理,再进行大面积施工。

（4）防水砂浆配料和搅拌应符合下列规定。

① 配比应按照设计要求,通过试验确定。

② 配制乳液类聚合物水泥防水砂浆前,应先将乳液搅拌均匀,再按规定比例加入拌合料中搅拌均匀。

③ 干粉类聚合物水泥防水砂浆应按规定比例加水搅拌均匀。

④ 用粉状防水剂配制普通防水砂浆时,应先将规定比例的水泥、砂和粉状防水剂干拌均匀,再加水搅拌均匀。

⑤ 液态防水剂配制普通防水砂浆时,应先将规定比例的水泥和砂干拌均匀,再加入用水稀释的液态防水剂搅拌均匀。

⑥ 配制好的防水砂浆宜在1h内用完,施工中不得任意加水。

（5）防水砂浆施工应符合下列规定。

① 厚度大于10mm时,应分层施工,第二层应待前一层指触不粘时进行,各层应粘结牢固。

② 每层宜连续施工。当需留槎时,应采用阶梯坡形槎,接槎部位离阴阳角不得小于200mm;上、下层接槎应错开300mm以上。接槎应依层次顺序操作,层层搭接紧密。

③ 喷涂施工时,喷枪的喷嘴应垂直于基面,合理调整压力、喷嘴与基面的距离;涂抹时,应压实、抹平;遇气泡时,应挑破,保证铺抹密实;抹平、压实应在初凝前完成。

④ 窗台、窗楣和凸出墙面的腰线等部位上表面的流水坡应找坡准确,外口下沿的滴水线应连续、顺直。

⑤ 砂浆防水层分格缝的留设位置和尺寸应符合设计要求。分格缝的密封处理应在防水砂浆达设计强度的80%后进行。密封前,应将分格缝清理干净,密封材料应嵌填密实。

⑥ 砂浆防水层转角宜抹成圆弧形,圆弧半径不应小于5mm,转角抹压应顺直。

⑦ 门框、窗框、管道、预埋件等与防水层相接处应留8～10mm宽的凹槽。

（6）养护:砂浆防水层未达到硬化状态时,不得浇水养护或直接受雨水冲刷。聚合物水泥防水砂浆硬化后,应采用干湿交替的养护方法;普通防水砂浆防水层应在终凝后进行保湿养护,温度不宜低于5℃,养护时间不宜少于14d;掺外加剂、掺掺合料的防水砂浆,其养护应按照产品有关规定进行。

### 3.5.5　外墙防水施工质量验收

**1. 质量检验一般规定**

（1）建筑外墙工程墙面防水层和节点防水完成后,应进行淋水试验,并应符合下列规定:持续淋水时间不应少于30min;仅进行门、窗等节点部位防水的建筑外墙,可只对门、窗等节点进行淋水试验。

（2）防水隐蔽工程检验内容包括防水层的基层;防水层及附加防水层;门窗洞口、雨篷、阳台、变形缝、穿墙管道、预埋件、分格缝及女儿墙压顶、预制构件接缝等节点防水构造。

（3）防水层不得有渗漏现象。

（4）使用的材料应符合设计要求。

（5）找平层应平整、坚固,不得有空鼓、酥松、起砂、起皮现象。

（6）门窗洞口、穿墙管、预埋件及收头等部位的防水构造应符合设计要求。

（7）砂浆防水层应平整、坚固,不得有空鼓、酥松、起砂、起皮现象。

（8）涂膜防水层应无裂纹、褶皱、流淌、鼓泡和露胎体现象。

（9）外墙防护层应平整、固定牢固,构造符合设计要求。

**2. 质量检验判定标准**

建筑外墙防水工程质量检验合格判定标准见表3-20。

表 3-20　建筑外墙防水工程质量检验合格判定标准

| 工程类别 | 工程防水类别 | | |
|---|---|---|---|
| | 甲　类 | 乙　类 | 丙类 |
| 建筑外墙工程 | 不应有渗水,结构背水面无湿渍 | 不应有渗水,结构背水面无湿渍 | — |

**3. 涂膜防水层检验**

外墙涂膜防水层质量验收要求与检验方法见表3-21。

表 3-21 外墙涂膜防水层质量验收要求与检验方法

| 项 目 | | 要 求 | 检 验 方 法 |
|---|---|---|---|
| 主控项目 | 材料 | 防水层所用防水涂料及配套材料应符合质量标准和设计要求 | 检查出厂合格证、质量检验报告和抽样复验报告 |
| | 防水层 | 涂膜防水层不得有渗漏现象 | 持续淋水 30min 后观察检查 |
| | 细部构造 | 涂膜防水层在门窗洞口、穿墙管、预埋件及收头等部位的节点做法应符合设计要求 | 观察检查和检查隐蔽工程验收记录 |
| 一般项目 | 防水层 | 涂膜防水层的平均厚度应符合设计要求,涂膜最小厚度不应小于设计厚度的80% | 针测法或割取 20mm×20mm 实样用卡尺测量 |
| | 与基层粘结 | 涂膜防水层应与基层粘结牢固,表面平整,涂刷均匀,无流淌、褶皱、流淌、鼓泡和露胎体等缺陷 | 观察检查 |

### 4. 砂浆防水层检验

外墙砂浆防水层质量验收要求与检验方法见表 3-22。

表 3-22 外墙砂浆防水层质量验收要求与检验方法

| 项 目 | | 要 求 | 检 验 方 法 |
|---|---|---|---|
| 主控项目 | 材料 | 防水砂浆的原材料、配合比及性能指标必须符合设计规定 | 检查产品合格证、产品性能检测报告、计量措施和材料进场检验报告 |
| | 防水层 | 砂浆防水层不得有渗漏现象 | 持续淋水 30min 后观察检查 |
| | 与基层粘结 | 砂浆防水层与基层之间及防水层各层之间应结合牢固,无空鼓现象 | 观察或用小锤轻击检查 |
| | 细部构造 | 砂浆防水层在门窗洞口、穿墙管、预埋件及收头等部位的节点做法应符合设计要求 | 观察检查和检查隐蔽工程验收记录 |
| 一般项目 | 防水层表面 | 砂浆防水层表面应密实、平整,不得有裂纹、起砂、麻面等缺陷 | 观察检查 |
| | 防水层厚度 | 砂浆防水层的平均厚度应符合设计要求,最小厚度不得小于设计值的80% | 观察和尺量检查 |
| | 施工缝 | 砂浆防水层施工缝留槎位置应正确,接槎应按层次顺序操作,层层搭接紧密 | 观察检查 |

学习笔记

_____

_____

_____

_____

_____

## 学生任务单

学生任务单见表 3-23。

表 3-23　学生任务单

| 基本信息 | 姓名 | | 班级 | | 学号 | |
|---|---|---|---|---|---|---|
| | 任务名称 | | | | | |
| | 小组成员 | | | | | |
| | 任务分工 | | | | | |
| | 完成日期 | | 完成效果 | （教师评价） | | |
| 明确任务 | 任务目标 | 1. 知识目标<br><br>2. 能力目标<br><br>3. 素质目标 | | | | |
| | 依据规范 | （建议学生指明具体条款） | | | | |
| 自学记录 | 课前准备 | （根据老师的课前任务布置,说明学习了什么内容,查阅了什么资料,浏览了什么资源等） | | | | |
| | 拓展学习 | （除了老师布置的预习任务,自己还学习了什么内容,查阅了什么资料等） | | | | |

续表

| 任务实施 | 重点记录 | （完成任务过程中用到的知识、规范、方法等） | | | | | |
|---|---|---|---|---|---|---|---|
| 任务总结 | 存在问题 | （任务学习中存在的问题） | | | | | |
| | 解决方案 | （是如何解决的） | | | | | |
| | 其他建议 | | | | | | |
| 学习反思 | 不足之处 | | | | | | |
| | 待解问题 | | | | | | |
| 任务评价 | 自我评价（100分） | 任务学习（20分） | 目标达成（20分） | 实施方法（20分） | 职业素养（20分） | 成果质量（20分） | 分值 |
| | | | | | | | |
| | 小组评价（100分） | 任务承担（20分） | 时间观念（20分） | 团队合作（20分） | 能力素养（20分） | 成果质量（20分） | 分值 |
| | | | | | | | |
| | 教师评价（100分） | 任务执行（20分） | 目标达成（20分） | 团队合作（20分） | 能力素养（20分） | 成果质量（20分） | 分值 |
| | | | | | | | |
| | 综合得分 | 自我评价分值（30%）＋小组评价分值（30%）＋教师评价分值（40%） | | | | | |

## 任务练习

### 一、单项选择题

外墙涂料墙面防水施工中,对于防水层施工,涂刷顺序应为(　　　)。

A. 先水平面,后垂直面

B. 先垂直面,后水平面

C. 自己任意安排

D. 先大面积再局部

### 二、判断题

1. 防水外墙找平层一次抹灰厚度不宜大于 10mm。　　　　　　　　　　　　　( 　　 )

2. 外墙防水层可以不留设分格缝。　　　　　　　　　　　　　　　　　　　( 　　 )

3. 应定期清洗外墙面,严禁用强酸和强碱刷洗。　　　　　　　　　　　　　　( 　　 )

4. 防水涂料宜选用粘结性好、憎水性强和耐久性好的合成高分子防水涂料。　( 　　 )

5. 现浇混凝土墙体施工缝渗漏,可采用在外墙面喷涂无色透明或与墙面相似色防水剂或防水涂料,厚度不应小于 3mm。　　　　　　　　　　　　　　　　　　　( 　　 )

📖 学习笔记

_____

_____

_____

_____

_____

_____

_____

_____

_____

_____

_____

_____

_____

_____

_____

_____

_____

_____

_____

# 任务 3.6 屋面工程卷材防水施工

📎 **知识目标**

　　1. 掌握卷材铺贴的一般要求；

　　2. 掌握热熔法、冷粘法、自粘法铺贴卷材施工工艺。

📎 **能力目标**

　　1. 会根据卷材防水屋面施工要求，配备施工工具，做好安全防护；

　　2. 具备分析卷材防水施工质量通病的能力；

　　3. 能按照现行规范进行卷材防水屋面施工。

📎 **思政目标**

　　1. 培养吃苦耐劳、精益求精、团队合作的工匠精神；

　　2. 养成规范施工的习惯。

📎 **相关知识链接**

微课

📎 **思想政治素养养成**

　　课前观看方舱医院项目施工视频，培养大国工匠精神和专业使命感、责任感，课中以企业真实项目为任务创设情景，采用任务驱动、小组合作教学，塑造规范作业的习惯及认真负责的态度，使学生养成团结合作的精神。

📎 **任务描述**

　　某一级施工企业承建了某公司高档写字楼 22 层框架剪力墙结构一栋（基础采用了地下连续墙工艺），抗震设防烈度为 7 度，总建筑面积为 33460m²。竣工完成后，发现屋面卷材防水层存在如图 3-30 所示的缺陷。

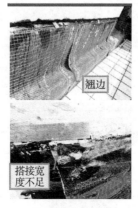

图 3-30　屋面卷材防水层施工存在的缺陷

**思考：**

1. 造成上述现象的原因是什么？

2. 如何制订相应的防治措施？

## 岗位技能点

1. 会根据卷材防水屋面施工要求，选择施工工具；

2. 能按照现行规范进行卷材防水屋面施工。

## 任务点

1. 防水卷材铺贴要求；

2. 卷材与基层连接方式；

3. 热熔法施工；

4. 冷粘法施工；

5. 自粘法施工。

## 任务前测

1. 防水卷材施工前应具备哪些施工条件？

_____

_____

_____

_____

2. 热熔法、冷粘法、自粘法施工环境有哪些温度要求？

_____

_____

_____

_____

3. 卷材与基层有哪些连接方式？各适用于什么条件？

_____

_____

_____

_____

4. 什么是热熔法？热熔法铺贴卷材施工工艺流程是什么？

_____

_____

_____

_____

5. 什么是冷粘法？冷粘法铺贴卷材施工工艺流程是什么？

_____

_____

_____

_____

_____

6. 什么是自粘法？自粘法铺贴卷材施工工艺流程是什么？

_____

_____

_____

_____

7. 用热熔法铺贴高聚物改性沥青防水卷材时，如何控制加热程度？如何控制火焰位置和方向？

_____

_____

_____

_____

预习笔记

### 3.6.1　卷材防水施工要求

**1. 防水卷材施工要求**

防水卷材施工应符合下列规定：

（1）卷材铺贴应平整顺直，不应有起鼓、张口、翘边等现象；

（2）同层相邻两幅卷材短边拼接错缝距离不应小于500mm；

（3）卷材双层铺贴时，上、下两层和相邻两幅卷材的接缝应错开至少1/3幅宽，且不应互相垂直铺贴；

（4）同层卷材搭接不应超过3层；

（5）卷材收头应固定密封；

（6）耐根穿刺防水卷材的施工方法应与耐根穿刺检测报告中注明的施工方法一致；

（7）当屋面坡度大于30%，施工过程中应采取防滑措施；

（8）在施工过程中，应采取防止杂物堵塞排水系统的措施；

（9）防水层和保护层施工完成后，屋面应进行淋水试验或雨后观察，檐沟、天沟、雨水口等应进行蓄水试验，并应在检验合格后再进行下一道工序施工；

（10）防水层施工完成后，后续工序施工不应损害防水层，在防水层上堆放材料时，应采取防护隔离措施。

**2. 现场条件准备要求**

卷材防水屋面施工前要具备下列现场条件：

（1）现场储料条件应符合要求，设施完善；

（2）屋面上的各种预埋件、支座、伸出屋面管道、水落口等设施已安装就位；

（3）找平层已检查验收，质量合格，含水率符合要求；

（4）垂直和水平运输设施能满足使用要求，安全可靠；

（5）消防设施齐全，安全设施可靠，劳保用品已能满足施工操作人员的需要；

（6）气候条件能满足铺贴卷材的需要。屋面防水施工为露天作业，故受天气变化影响较大，屋面防水层严禁在雨天、雪天和五级风及以上时施工。

**3. 屋面防水层施工环境温度要求**

屋面防水层施工环境温度要求见表3-24。

表3-24　屋面防水层施工环境温度要求

| 施工项目 | 施工环境温度 |
| --- | --- |
| 卷材防水层 | 热熔法、焊接法不宜低于−10℃ |
|  | 冷粘法、热粘法不宜低于5℃ |
|  | 自粘法不宜低于10℃ |

续表

| 施工项目 | | 施工环境温度 |
|---|---|---|
| 接缝密封防水材料施工 | 改性沥青材料 | 0~35℃ |
| | 合成高分子材料 | 溶剂型 0~35℃;乳胶型及反应型 5~35℃ |

**4. 防水卷材铺贴的要求**

1)铺贴顺序

铺贴防水卷材时,应按照先高后低,先铺高跨后铺低跨的顺序进行。对于同高度屋面,应从最低标高处往高标高方向滚铺。

2)铺贴方向

当屋面坡度小于3%时,卷材宜平行于屋脊方向铺贴;当屋面坡度在3%~15%时,卷材平行或垂直于屋脊方向铺贴;当屋面坡度大于15%时,卷材宜垂直于屋脊方向铺贴。檐口、天沟卷材施工时,宜顺檐口、天沟方向铺贴;上、下层卷材不得相互垂直铺贴,搭接缝应顺流水方向。

3)附加防水层

附加防水层可采用防水卷材或涂料。当采用卷材时,其附加的范围一般为节点及周边扩大250mm内;当采用涂料时,附加的范围一般为节点及周边扩大200mm内,涂刷前先用电动搅拌器搅拌均匀,刮涂2~3遍,总厚度1.5mm以上为宜,经固化24h以上才能进行下道工序。附加层最小厚度见表3-25。

表 3-25 附加层的最小厚度

| 附加层材料 | 最小厚度(mm) |
|---|---|
| 合成高分子防水卷材 | 1.2 |
| 高聚物改性沥青防水卷材(聚酯胎) | 3.0 |

4)搭接缝

平行于屋脊铺贴时,搭接缝应顺流水方向搭接,同一层相邻两幅卷材短边搭接缝错开距离不应小于500mm;叠层铺设的卷材,上、下两层的长边搭接缝应错开 2/3~1/2 幅宽,且不应小于1/3幅宽,如图3-31所示;垂直于屋脊的搭接缝应顺当地最大频率风向搭接,每幅卷材都应铺过屋脊不小于200mm,屋脊处不得留短边搭接缝。

在天沟与屋面的连接处,应采取交叉法搭接,搭接缝错开,接缝处宜留在屋面或天沟侧面,不宜留在沟底。

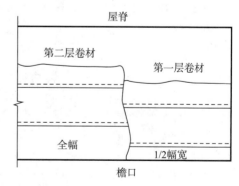

图 3-31 两层卷材铺贴

### 3.6.2 卷材与基层的粘贴方案

卷材与基层的粘贴方案可分为满粘法、空铺法、条粘法、点粘法和机械固定法等形式,见表 3-26。

卷材与基层间通常采用满粘法。当防水层上有重物覆盖,或基层变形大、找平层干燥有困难的屋面,以及对于屋面上预计可能产生基层开裂的部位,如板端缝、分格缝、构件交接处、构件断面变化处等部位,宜采用空铺法、条粘法、点粘法或机械固定法。

表 3-26　卷材与基层粘贴的方式

| 铺贴方法 | 具 体 做 法 | 适 应 条 件 |
|---|---|---|
| 满粘法 | 在铺贴防水卷材时,使用卷材与基面全部粘结牢固的施工方法,通常使用热熔、冷粘、自粘法粘贴卷材<br><br>首层卷材<br>胶结材料 | 适用于屋面防水面积较小,结构变形不大,找平层干燥的层面 |
| 空铺法 | 铺贴防水卷材时,使用卷材与基面仅在四周一定宽度内粘结,其余部分不粘的施工方法。施工时檐口、屋脊、屋面转角、伸出屋面管道的出气孔、烟囱根等部位采用满粘,粘结宽度不小于 800mm<br><br>首层卷材<br>胶结材料 | 适用于基层潮湿、找平层水汽难以排出及结构变形较大的屋面 |
| 点粘法 | 铺贴防水卷材时,卷材与基面采用点粘的施工方法,要求每平方米范围内至少有 5 个粘结点,每点的面积不少于 100mm×100mm,屋面四周粘结。檐口、屋脊、伸出屋面管口等细部做法同空铺法<br><br>首层卷材<br>胶结材料 | 适用于结构变形较大、基面潮湿、排气困难的屋面 |
| 条粘法 | 铺贴防水卷材时,卷材与屋面采用条状粘结的施工方法,每幅卷材的粘结面不少于 2 条,每条粘结宽度不少于 150mm,檐口、屋脊、伸出屋面管口等细部构造做法同空铺法<br><br>首层卷材<br>胶结材料 | 适用于结构变形较大,基面潮湿、排气有一定困难的屋面 |

续表

| 铺贴方法 | 具　体　做　法 | 适　应　条　件 |
|---|---|---|
| 机械固定法 | 施工时,采用特定的固定材料,如金属垫片、螺钉、金属压条等,将防水卷材和其他的材料机械式固定在屋面基层或其他需要防水层的结构层上。固定件应与结构层连接牢固,固定件的间距应根据抗风揭试验和当地的使用环境与条件确定,并不宜大于600mm,卷材防水层周边800mm范围内应满粘,卷材收头应采用金属压条钉压固定和密封处理<br><br>立墙<br>粘结剂<br>热风焊接<br>螺钉<br>复合PVC防水卷材 | 目前国内适用机械固定法铺贴的卷材主要有PVC、TPO、EPDM防水卷材和5mm厚加强高聚物改性沥青防水卷材,要求具有防水卷材强度高、搭接缝可靠和使用寿命长等特性 |

## 3.6.3　卷材防水冷粘法施工

冷粘法是指在通常施工环境温度下,采用胶粘剂或胶粘带将卷材与基层或卷材之间粘结的施工方法。此方法适用于合成高分子防水卷材及施工现场严禁使用明火时的高聚物改性沥青防水卷材的铺贴。

**1. 施工准备**

1) 技术准备

(1) 进行技术交底,明确施工人员的岗位责任。

(2) 确定质量检验程序、检验内容、检验方法。

(3) 做好工程基本状况、施工状况记录,工程检查与验收所需资料等记录。

2) 材料准备

(1) 防水卷材:卷材防水屋面的材料用量以实际施工面积为依据计算,一般按实际施工面积的1.2倍准备。

(2) 基层处理剂:基层处理剂应与卷材具有相融性。

(3) 胶粘剂(带):胶粘剂或胶粘带应与卷材具有相融性。

3) 施工机具准备

冷粘法施工机具见表3-27。

表 3-27 冷粘法施工机具

| 序号 | 名　称 | 用　途 | 序号 | 名　称 | 用　途 |
|---|---|---|---|---|---|
| 1 | 扫帚 | 清理基层 | 10 | 墙纸刀 | 裁剪卷材 |
| 2 | 小平铲 | 清理基层 | 11 | 剪刀 | 裁剪卷材 |
| 3 | 高压吹风机 | 清理基层 | 12 | 皮卷材 | 测量弹线 |
| 4 | 钢丝刷 | 清理基层 | 13 | 钢卷尺 | 度量尺寸 |
| 5 | 长柄滚刷 | 涂刷基层处理剂 | 14 | 粉笔 | 画线 |
| 6 | 胶皮板刷 | 涂刷基层处理剂 | 15 | 钢管 | 展铺卷材 |
| 7 | 长柄胶皮板刷 | 涂刷胶粘剂 | 16 | 大型压辊 | 辊压大面积卷材 |
| 8 | 电动搅拌器 | 搅拌胶粘剂 | 17 | 扁平辊 | 辊压阴阳角卷材 |
| 9 | 铁桶 | 盛装胶粘剂 | 18 | 手持压辊 | 辊压立面、接缝卷材 |

4）安全防护用品准备

安全防护用品见表 3-28。

表 3-28 安全防护用品

| 序号 | 名　称 | 数　量 | 序号 | 名　称 | 数　量 |
|---|---|---|---|---|---|
| 1 | 防护服 | 1套(人) | 5 | 手套 | 1副(人) |
| 2 | 安全帽 | 1个(人) | 6 | 防护眼镜 | 1副(人) |
| 3 | 防护口罩 | 1个(人) | 7 | 消毒用品 | 若干 |
| 4 | 安全绳 | 高空作业人员配用 | 8 | 灭火器材 | 根据作业面大小配备 |

**2. 找平层检查与清理**

（1）检查找平层与突出屋面结构的连接处以及转角处的过渡圆弧是否符合要求。

（2）将找平层上的杂质、灰尘清理干净。先剔除找平层上隆起的异物、水泥砂浆残渣，再进行清理，最后洒水清扫。

（3）若发现表面有空鼓、脱落、裂缝等缺陷部位，应进行返工或修补。

（4）找平层平整度的检查方法：用 2m 长的靠尺检查，找平层与靠尺间的最大空隙不应超过 5mm，而且空隙变化平缓，在每米长度内不得多于一处。

（5）找平层干燥性的检验方法：将 $1m^2$ 卷材铺在找平层上，静置 3～4h 后掀开，覆盖部位与卷材上未见水印者为合格。

**3. 卷材防水层施工工艺**

1）工艺流程

工艺流程如下：清理基层→涂刷基层处理剂→节点密封及附加增强处理→定位弹线和试铺→涂刷基层胶粘剂→粘贴防水卷材→卷材接缝粘贴与密封→蓄水试验→保护层施工。

2）操作要点

（1）清理基层：用小平铲剔除基层上隆起的异物，用高压吹风机清理基层上的杂物，并用扫帚清扫干净尘土。

（2）涂刷基层处理剂：使用前，按要求加稀释剂并稀释搅拌均匀，先对节点部位涂刷一遍，然后进行大面积涂刷，涂刷应均匀，不得过厚或过薄，动作迅速，一次涂好，切忌反复涂刷。

（3）节点密封及附加增强处理：用聚氨酯防水涂料或胶粘带对节点及周边200mm范围进行增强处理，当采用胶粘带时，伸出节点四周宽度不小于100mm。涂刷前，先用电动搅拌器搅拌均匀，刮涂2至3遍，总厚度1.5mm以上为宜，经固化24h以上，才能进行下道工序。

（4）定位弹线和试铺：在基层上按照规范要求布卷材，弹出基准线。对于高分子防水卷材其搭接缝宽度，采用胶粘剂为80mm，采用胶粘带为50mm。

（5）涂刷基层胶粘剂：按事先弹好的位置线用长柄滚刷进行涂刷，在卷材表面均匀涂刷胶粘剂。涂刷时，应按一个方向进行，厚薄均匀，不漏底，不堆积。

（6）粘贴防水卷材：基层及防水卷材分别涂胶后，晾干约20min，手触不粘即可进行粘结。粘贴卷材有抬铺法和滚铺法两种。

① 抬铺法是指操作人员将刷好胶粘剂的卷材抬起，使刷胶面朝下，将始端粘贴在定位线部位，然后沿基准线向前粘贴。

② 滚铺法是将涂刷过胶粘剂并达到干燥要求的卷材卷起成筒状，涂胶面朝外，在卷筒内插入一根$\phi 30mm \times 1500mm$的钢管，由两人分别手持钢管将卷材抬起，一端粘贴在预定部位，再沿着基准线向前滚铺在基层上。

（7）卷材接缝粘贴与密封：将胶粘剂均匀涂刷在卷材接缝部位的两个粘结面上，涂胶量一般以$0.5 \sim 0.8 kg/m^2$为宜，涂胶后20min左右指触不粘即可粘贴。粘贴从一端顺卷材长边方向至短边方向进行，一边粘贴，一边用手持压辊滚压，使卷材粘牢。卷材末端的接缝及收头处可用密封膏嵌封严密，宽度不小于10mm。

（8）蓄水试验：防水层施工完毕后，应按要求进行检验。平屋面可采用蓄水试验，蓄水深度宜大于50mm，蓄水时间不宜少于24h；对于无蓄水条件的坡屋面，可采用持续淋水试验，持续淋水时间不应少于2h，屋面无渗漏和积水，排水系统通畅为合格。

（9）保护层施工：合格后，应按设计要求施工保护层，可采用浅色涂料保护层、块体材料保护层、水泥砂浆和细石混凝土保护层。

## 3.6.4 卷材防水自粘法施工

自粘法是指采用自粘型防水卷材铺贴的方法。自粘型防水卷材是在工厂生产过程中，在卷材底面涂敷一层自粘胶，自粘胶表面覆一层隔离纸，铺贴时，只要撕下隔离纸，就可以直接粘贴于涂刷过基层处理剂的基层上。合成高分子防水卷材及聚合物改性沥青防水卷材均有自粘型的产品供应。

**1. 施工准备**

1）技术准备

同冷粘法铺贴。

2）材料准备

卷材必须是自粘型卷材,基层处理剂要与卷材自粘胶相融,各种材料进场应有合格证,并按规定在现场抽样检测有关性能,不得使用不合格品。

3）施工机具准备

自粘法施工机具见表 3-29。

表 3-29　自粘法施工机具

| 序号 | 名　称 | 用　途 | 序号 | 名　称 | 用　途 |
|---|---|---|---|---|---|
| 1 | 扫帚 | 清理基层 | 10 | 墙纸刀 | 裁剪卷材 |
| 2 | 小平铲 | 清理基层 | 11 | 剪刀 | 裁剪卷材 |
| 3 | 高压吹风机 | 清理基层 | 12 | 小线 | 测量弹线 |
| 4 | 钢丝刷 | 清理基层 | 13 | 皮卷材 | 测量弹线 |
| 5 | 长柄滚刷 | 涂刷基层处理剂 | 14 | 钢卷尺 | 度量尺寸 |
| 6 | 胶皮板刷 | 涂刷基层处理剂 | 15 | 钢管 | 展铺卷材 |
| 7 | 粉笔 | 画线 | 16 | 大型压辊 | 辊压大面积卷材 |
| 8 | 手持汽油喷灯 | 熔化接缝处 | 17 | 扁平辊 | 辊压阴阳角卷材 |
| 9 | 扁头热风枪 | 加热接缝处胶粘层 | 18 | 手持压辊 | 辊压立面、接缝卷材 |

**2. 找平层检查与清理**

找平层检查与清理同冷粘法。

**3. 卷材防水层施工**

1）工艺流程

工艺流程如下:清理基层→涂刷基层处理剂→节点附加增强处理→定位弹线→粘贴防水卷材→蓄水试验→保护层施工。

2）操作要点

(1)清理基层。用小平铲剔除基层上隆起的异物,用高压吹风机清理基层上的杂物,并用扫帚清扫干净尘土。

(2)涂刷基层处理剂。涂刷按一个方向进行,要求厚薄均匀,不漏底,不堆积。一般需在涂刷 6h 左右后再进行下道工序施工。

(3)节点附加增强处理。按设计要求,在节点部位铺贴一层与大面卷材同材质的附加卷材,或涂刷一遍增强胶结剂后,再铺贴一层附加卷材。附加的范围同样为在节点及周边 250mm。

(4)定位弹线。定位弹线要考虑卷材的搭接长度,铺贴改性沥青卷材,定位弹线长短边的搭接长度可按 80mm 计算,合成高分子防水卷材长短边的搭接长度可按 50mm 计算。

(5)自粘法铺贴。卷材与基层的粘贴一般要求满粘铺贴,也可采用条粘方法。若采用条粘方法,施工时只需在基层脱离部位刷一层石灰水,或加铺一层裁剪下来的隔离纸隔离即可。

自粘法铺贴卷材时,有滚铺法和抬铺法两种铺贴方法。

① 滚铺法：用一根φ30mm×1500mm的钢管插入成筒卷材中心的芯筒，由两人各持钢管一端抬至待铺位置的起始端。先进行起始端卷材铺贴，将卷材沿起始端向前展出约500mm，撕去此部分卷材的隔离纸，将已剥去隔离纸的卷材对准已弹好的线轻轻铺设，并压实固定。起始端铺贴完成后，沿基准线平稳、匀速地向前滚铺卷材。滚铺时，自粘贴卷材要滚紧一些，不能太松且不能有褶皱。每铺完一幅卷材后，用长柄滚刷，由起始端开始，彻底排除卷材下面的空气，然后用大压辊或手持压辊将卷材压实，粘贴牢固。

② 抬铺法：先将待铺卷材剪好，反铺于基层上，并剥去卷材的全部隔离纸后再铺贴卷材，适用于天沟、泛水、阴阳角等较复杂的铺贴部位。铺贴时，应先裁剪好卷材，将卷材反铺在待铺部位。将剪好的卷材小心地剥除隔离纸，撕剥时，用力要适度，保持已撕开的隔离纸与粘结面呈45°～60°的锐角，这样不易拉断隔离纸。将已全部剥离隔离纸后的待粘贴卷材沿长向对折，然后抬起并翻转卷材，使搭接边对准线，从短边搭接缝开始沿长向铺放好搭接缝侧的半幅卷材，再铺放另半幅。铺放完毕，从中间向两边缘处排出空气后，再用压辊滚压。

（6）蓄水试验。自粘型防水卷材铺贴完成后，应按规范要求做蓄水试验，蓄水深度宜大于50mm，蓄水时间不宜少于24h，屋面无渗漏和积水，排水系统通畅为合格。

（7）保护层施工。合格后，可按设计要求施工保护层。自粘型屋面防水卷材可采用浅色涂料保护层、块体材料保护层、水泥砂浆和细石混凝土保护层。

## 3.6.5 卷材防水热熔法施工

热熔法是指用火焰加热，并将熔化型防水卷材底层的热熔胶熔化，趁热将卷材铺贴在基层上的一种施工方法。这种方法不需要胶粘剂，可以减少环境污染，简化施工工艺，提高作业效率。热熔法是一种比冷粘法更为经济的施工方法。

**1. 施工准备**

1）技术准备

技术准备同冷粘法铺贴。

2）材料准备

（1）防水卷材：目前最常用的是SBS改性沥青防水卷材和APP改性沥青防水卷材。厚度小于3mm的高聚物改性沥青防水卷材，因卷材较薄，在热熔施工时容易造成卷材破损，故此种卷材严禁采用热熔法施工。

（2）基层处理剂：可采用冷底子油，也可采用卷材生产厂家配套供应的基层处理剂。

3）施工机具准备

热熔法施工机具见表3-30。

表3-30 热熔法施工机具

| 序 号 | 名 称 | 用 途 | 序 号 | 名 称 | 用 途 |
|---|---|---|---|---|---|
| 1 | 扫帚 | 清理基层 | 3 | 高压吹风机 | 清理基层 |
| 2 | 小平铲 | 清理基层 | 4 | 钢丝刷 | 清理基层 |

| 序号 | 名　称 | 用　途 | 序号 | 名　称 | 用　途 |
|------|--------|--------|------|--------|--------|
| 5 | 长柄滚刷 | 涂刷基层处理剂 | 13 | 大型压辊 | 辊压大面积卷材 |
| 6 | 胶皮板刷 | 涂刷基层处理剂 | 14 | 扁平辊 | 辊压阴阳角卷材 |
| 7 | 皮卷材 | 测量弹线 | 15 | 手持压辊 | 辊压立面、接缝卷材 |
| 8 | 钢卷尺 | 度量尺寸 | 16 | 隔热板 | 加热卷材末端 |
| 9 | 粉笔 | 画线 | 17 | 烫板 | 挡隔火焰 |
| 10 | 铁抹子 | 修补基层及末端收头 | 18 | 汽油喷灯 | 附加增强层用 |
| 11 | 墙纸刀 | 裁剪卷材 | 19 | 液化气罐 | 液化气容器 |
| 12 | 剪刀 | 裁剪卷材 | 20 | 石油液化气喷枪 | 热熔卷材 |

**2. 找平层检查与清理**

找平层与凸出屋面结构的连接处以及转角处的过渡圆弧半径一般取 50mm。

**3. 卷材防水层施工**

1) 工艺流程

工艺流程如下:清理基层→涂刷基层处理剂→节点密封及附加增强处理→定位弹线和试铺→热熔法铺贴卷材→粘结搭接缝→蓄水试验→保护层施工。

2) 操作要点

(1) 清理基层:剔除基层上隆起的异物,清理基层上的杂物,清扫干净尘土。

(2) 涂刷基层处理剂:高聚物改性沥青防水卷材施工时,所用的基层处理剂按产品说明书配套使用,并应与铺贴的卷材具有相容性。一般需在涂刷 4h 左右后,再进行下道工序施工。

(3) 节点密封及附加增强处理:待基层处理剂干燥后,按设计节点构造图做好女儿墙、水落口、管根、阴、阳角等节点的附加增强处理。附加的范围一般为节点及周边 250mm 内。通常做法是先均匀涂刷一层厚度不小于 1mm 的弹性沥青胶粘剂,随即粘贴一层聚酯纤维无纺布,再在布上再涂一层 1mm 厚的胶粘剂。

(4) 定位弹线和试铺:在基层上按照规范要求布卷材,弹出基准线,并试铺。

(5) 热熔铺贴卷材:有滚铺法和展铺法两种铺贴方法。

① 滚铺法:把卷材抬至铺贴起始位置,展开卷材端部 1000mm 左右,对好长、短边的搭接缝线。手持喷枪,缓慢旋开喷枪开关并点燃火焰,点火人员应站在喷头的侧后面,不可正对喷头。掀起已展开部分,喷枪头应与卷材面宜保持 50~100mm 的距离,与基层呈 30°~45°角,将喷枪火焰对准卷材与基面交接处,同时加热卷材底面粘胶层和基层,加热应均匀、充分、适度,以热熔胶出现黑色光泽、发亮并有微泡现象为宜。此时,可缓慢放下卷材,平铺在规定的基层位置上,并进行排气辊压,使卷材与基层粘贴牢固。当卷材端部只剩下 30cm 左右时,可把卷材末端翻放在隔热板上,再用喷枪火焰分别加热余下卷材和基层表面,待加热充分后,最后翻起卷材粘贴于基层上予以固定。熔粘好端部卷材后,即可大面铺贴卷材。持喷枪者站在卷材滚铺前方,按上述方法同时加热卷材和基面,条粘时,只需加热两侧边宽

度各 150mm 左右。卷材加热充分后,缓慢地推压卷材,并注意保持卷材的搭接缝宽度满足要求。收边者紧跟推滚卷材者后面,用棉纱团从中间向两边抹压卷材,赶出气泡,并用抹刀将溢出的热熔胶刮压抹平。

② 展铺法:先将卷材展铺在基层上,对好搭接缝,按滚铺法的要求先铺贴好起始端卷材。拉直整幅卷材,使其无褶皱,能平坦地与基层相贴,并对准长边搭接缝,然后对末端做临时固定。由起始端开始粘贴卷材,掀起卷材边缘约 200mm 高,将喷枪头伸入侧边卷材底下,加热卷材边宽约 200mm 的地面热熔胶和基层,边加热边向后退。铺贴完的卷材应及时沿卷材中间向两边赶出气泡,并抹压平整。卷材两侧用压辊压实,并用刮刀将溢出的热熔胶刮压平整。

(6)粘结搭接缝:在粘结搭接缝之前,先熔烧下层卷材上表面搭接宽度内的防粘隔离层。处理时,操作者一手持烫板,一手持喷枪,使喷枪靠近烫板并距离卷材 50～100mm,边熔烧边沿搭接线后退。为防止火焰烧伤卷材其他部位,烫板与喷枪应同步移动。处理完毕隔离层,即可进行接缝粘结。

(7)蓄水试验:防水层施工完毕后,按要求进行检验。平屋面可采用蓄水试验,蓄水深度宜大于 50mm,蓄水时间不宜少于 24h。对于无蓄水条件的坡屋面,可采用持续淋水试验,持续淋水时间不少于 2h,屋面无渗漏和积水,排水系统通畅为合格。

(8)保护层施工:合格后,可按设计要求施工保护层。屋面高聚物改性沥青防水卷材常采用浅色涂料保护层、块体材料保护层、水泥砂浆和细石混凝土保护层。

📝 学习笔记

_____
_____
_____
_____
_____
_____
_____
_____
_____
_____
_____
_____
_____
_____
_____
_____

## 学生任务单

学生任务单见表 3-31。

表 3-31　学生任务单

| 基本信息 | 姓名 | | 班级 | | 学号 | |
|---|---|---|---|---|---|---|
| | 任务名称 | | | | | |
| | 小组成员 | | | | | |
| | 任务分工 | | | | | |
| | 完成日期 | | | 完成效果 | （教师评价） | |
| 明确任务 | 任务目标 | 1. 知识目标<br><br>2. 能力目标<br><br>3. 素质目标 | | | | |
| | 依据规范 | （建议学生指明具体条款） | | | | |
| 自学记录 | 课前准备 | （根据老师的课前任务布置，说明学习了什么内容，查阅了什么资料，浏览了什么资源等） | | | | |
| | 拓展学习 | （除了老师布置的预习任务，自己还学习了什么内容，查阅了什么资料等） | | | | |

续表

| 任务实施 | 重点记录 | （完成任务过程中用到的知识、规范、方法等） | | | | | |
|---|---|---|---|---|---|---|---|
| 任务总结 | 存在问题 | （任务学习中存在的问题） | | | | | |
| | 解决方案 | （是如何解决的） | | | | | |
| | 其他建议 | | | | | | |
| 学习反思 | 不足之处 | | | | | | |
| | 待解问题 | | | | | | |
| 任务评价 | 自我评价（100分） | 任务学习（20分） | 目标达成（20分） | 实施方法（20分） | 职业素养（20分） | 成果质量（20分） | 分值 |
| | | | | | | | |
| | 小组评价（100分） | 任务承担（20分） | 时间观念（20分） | 团队合作（20分） | 能力素养（20分） | 成果质量（20分） | 分值 |
| | | | | | | | |
| | 教师评价（100分） | 任务执行（20分） | 目标达成（20分） | 团队合作（20分） | 能力素养（20分） | 成果质量（20分） | 分值 |
| | | | | | | | |
| | 综合得分 | 自我评价分值（30%）＋小组评价分值（30%）＋教师评价分值（40%） | | | | | |

**任务练习**

**一、单项选择题**

1. 卷材防水屋面找平层的分格缝的纵、横最大间距一般不超过(　　)m。

　　A. 4　　　　　　　　B. 5　　　　　　　　C. 6　　　　　　　　D. 8

2. 屋面防水中,高聚物改性沥青防水卷材热熔法施工时,当固定端部卷材时,若熔粘卷材端部只剩下(　　)cm 时,需要用隔热板保证熔粘安全。

　　A. 5　　　　　　　　B. 10　　　　　　　C. 30　　　　　　　D. 50

3. 自粘改性沥青防水卷材在混凝土基面上采用自粘法铺贴施工时,正确的做法是(　　)。

　　A. 基层应干燥,均匀涂刷基层处理剂

　　B. 可以在潮湿基层施工,不涂刷基层处理剂

　　C. 基层应干燥,直接铺贴防水卷材

　　D. 可以在潮湿基层施工,需涂刷基层处理剂

4. 屋面防水卷材铺贴应采用搭接法进行,不正确的做法是(　　)。

　　A. 平行于屋脊的搭接缝顺水流方向搭接

　　B. 平行于屋脊的搭接缝顺年最大频率风向搭接

　　C. 上、下层卷材的搭接缝错开

　　D. 垂直于屋脊的搭接缝顺年最大频率风向搭接

5. Ⅰ级屋面防水工程中,下列防水卷材最小厚度不符合要求的是(　　)。

　　A. 2.0mm 自粘聚酯胎防水卷材

　　B. 1.2mm 无胎自粘防水卷材

　　C. 1.2mm 厚高分子防水卷材

　　D. 3.0mm SBS 防水卷材

6. 屋面防水中,卷材、涂膜复合使用时,(　　)。

　　A. 卷材设置在涂膜上部

　　B. 涂膜设置在卷材上部

　　C. 卷材设置在找平层上,涂膜设置在找平层下

　　D. 可以任意设置

7. 找平层干燥性的检测方法是将 $1m^2$ 卷材铺在找平层上,静置(　　)h 后掀开,覆盖部分与卷材上未见明显水印者即为合格。

　　A. 1～2　　　　　　B. 2～3　　　　　　C. 3～4　　　　　　D. 4～5

**二、判断题**

1. 当二层改性沥青卷材叠层施工时,上、下层卷材可以平行铺贴,也可以相互垂直铺贴。　　　　　　　　　　　　　　　　　　　　　　　　　　　　　　　　　(　　)

2. 屋面坡度在 3% 以下时,防水卷材可垂直或平行屋脊铺设。　　　　　　　(　　)

3. 屋面工程中,合成高分子防水卷材搭接边采用胶粘剂搭接时,长边搭接宽度不小于80mm,短边搭接宽度不小于 100mm。　　　　　　　　　　　　　　　　　　(　　)

# 任务 3.7  屋面工程涂膜防水施工

## 知识目标

1. 认知涂膜防水材料的品种、性能;
2. 认知涂膜防水施工的要求及常见质量问题;
3. 掌握涂膜防水屋面的施工工艺和施工方法。

## 能力目标

1. 会根据涂膜防水屋面施工要求,配备施工工具,做好安全防护;
2. 能按照屋面防水施工工艺,规范地从事涂膜防水工程施工和管理;
3. 能按照现行屋面防水施工质量验收规范,检验涂膜防水工程施工质量。

## 思政目标

1. 树立施工安全意识;
2. 培养学生的团队合作精神和细心谨慎的工匠精神。

## 相关知识链接

微课

## 思想政治素养养成

将"精益求精的工匠精神"融入"涂膜防水屋面施工工艺流程",涂料的配制和搅拌是涂膜防水施工的关键环节之一,涂料配制的质量直接影响防水的效果,甚至影响建筑物的使用寿命和安全,要求施工人员具备良好的职业道德及精益求精的工匠精神。

## 任务描述

A 商户找了 B 装修公司进行店面装修并自行购买了防水涂料。在装修过程中,B 装修公司发现防水涂料不够,该公司负责人找到 A 商户商量,A 商户觉得差一点防水没关系,保证地面刷满,墙面可以适当减少。于是 B 装修公司负责人听从了 A 商户的意见。装修完成半年后,A 商户发现墙面有渗水,才意识到当时的错误,又花了 3500 元进行翻修。

**思考:**

1. 防水涂料应该涂刷几遍?
2. 防水涂料涂刷的高度有什么要求?
3. 要确保正确防水,应注意哪些环节?

## 岗位技能点

1. 能根据涂膜防水屋面施工要求选择施工工具;
2. 能规范地从事涂膜防水工程的施工和管理;
3. 按照现行屋面防水施工质量验收规范,检验涂膜防水工程施工质量。

## 任务点

1. 涂膜防水施工要求；
2. 胎体增强材料及作用；
3. 涂膜防水施工工艺。

## 任务前测

1. 什么是胎体增强材料？铺贴胎体增强材料时有什么要求？

_____

_____

_____

_____

2. 涂膜防水层涂布应按照什么顺序进行？

_____

_____

_____

_____

3. 防水涂料施工工艺是什么？

_____

_____

_____

_____

4. 不同防水涂料对施工环境的温度有什么要求？

_____

_____

_____

_____

## 预习笔记

## 完成任务所需的支撑知识

### 3.7.1 防水涂膜施工规定

**1. 防水涂料施工规定**

防水涂料施工应符合下列规定：

(1) 涂布应均匀，厚度应符合设计要求，且不应起鼓；

(2) 接槎宽度不应小于 100mm；

(3) 当遇有降雨时，未完全固化的涂膜应覆盖保护；

(4) 当设置胎体时，胎体应铺贴平整，涂料应浸透胎体，且胎体不应外露。

**2. 防水层施工规定**

防水层施工应采取绿色施工措施，并应符合下列规定：

(1) 基层清理应采取控制扬尘的措施；

(2) 基层处理剂和胶粘剂应选用环保型材料；

(3) 液态防水涂料和粉末状涂料应采用封闭容器存放，且应及时回收余料；

(4) 当防水涂料采用热熔法施工时，应采取控制烟雾措施；

(5) 当防水涂料采用喷涂施工时，应采取防止污染的措施；

(6) 防水工程施工应配备相应的防护用品。

**3. 施工气候条件**

(1) 不论是哪种防水涂料，雨天、雪天严禁施工，五级及以上大风时不得从事涂布操作。

(2) 溶剂性涂料的施工环境温度宜为 −5～35℃。

(3) 水乳型、反应型涂料的施工环境温度宜为 5～35℃。

(4) 热熔型涂料的施工环境温度不宜低于 −10℃。

(5) 聚合物水泥涂料的施工环境温度宜为 5～35℃，温度过低或过高均会影响水泥的凝结硬化质量。

**4. 胎体增强材料的铺贴要求**

胎体增强材料是指聚酯无纺布、玻璃纤维网格布、聚酯毡等，铺在涂料层之间，以增加涂膜防水层的强度。当基层发生龟裂时，可以防止涂膜破裂或蠕变破裂，同时可以防止涂料因发热软化而流坠。胎体增强材料长边搭接宽度不应小于 50mm，短边搭接宽度不应小于 70mm；上、下层胎体增强材料的长边搭接缝应错开，且不得小于幅宽的 1/3；上、下层胎体增强材料不得相互垂直铺贴。

**5. 涂膜附加层最小厚度**

附加层一般设计在屋面易渗漏、防水层易破坏的部位，如平面和立面的交接处、水落口、伸出屋面管道根部、预埋件等关键部位。为了保证附加层质量和节约工程造价，附加层厚度应满足最小厚度要求：合成高分子防水涂料、聚合物水泥防水涂料涂膜附加层最小厚度为 1.5mm；高聚物改性沥青防水涂料的附加层最小厚度为 2.0mm。

**6. 涂膜防水层涂布顺序**

涂布应按照"先高后低、先远后近、先檐口后屋脊、先细部节点后大面"的原则进行，涂布走向一般为顺屋脊走向,大面积屋面应分段进行涂布,如图 3-32 所示。

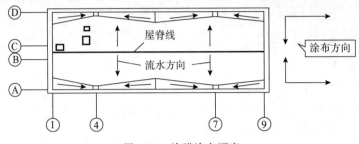

图 3-32   涂膜涂布顺序

## 3.7.2   薄质型防水涂料施工工艺

薄质型防水涂料是指设计防水涂膜总厚度在 3mm 以下的涂料(通常厚 1.5～
3.0mm),如水乳型或溶剂型的高聚物改性沥青防水涂料或合成高分子防水涂料。

**1. 施工准备**

1) 技术准备

(1) 进行技术交底,明确施工人员的岗位责任。

(2) 确定质量检验程序、检验内容、检验方法。

(3) 做好工程基本状况、施工状况记录,记录工程检查与验收所需资料等。

2) 材料准备

需要准备的材料有防水涂料、基层处理剂和胎体增强材料。防水涂料见表 3-32。

胎体增强材料应选用聚酯无纺布、化纤无纺布。涂料与胎体增强材料要配套取用。对
于 pH 值小于 7 的酸性防水涂料,宜选用低碱或中碱的产品;对于 pH 值大于 7 的碱性防水
涂料,宜选用无碱无纺布。

表 3-32   防水涂料

| 类   型 | 品   种 | 供 应 状 态 |
|---|---|---|
| 高聚物改性沥青防水涂料 | 再生橡胶沥青防水涂料、氯丁橡胶改性沥青防水涂料、SBS(APP)防水涂料 | 单组分供应,有水乳型和溶剂型两种状态 |
| 合成高分子防水涂料 | 聚氨酯防水涂料、焦油聚氨酯防水涂料 | 大多双组分供应,即主剂和固化剂两组分,反应型 |

3) 施工机具准备

施工机具见表 3-33。

表 3-33   施工机具

| 序号 | 机具名称 | 用   途 |
|---|---|---|
| 1 | 棕扫帚 | 清理基层 |
| 2 | 小平铲 | 清理基层 |

续表

| 序号 | 机具名称 | 用途 |
|------|----------|------|
| 3 | 吹灰器 | 清理基层 |
| 4 | 衡器 | 配料称量 |
| 5 | 铁桶或塑料桶 | 装混合料 |
| 6 | 圆滚刷 | 涂刷基层处理剂涂料 |
| 7 | 长柄滚刷 | 涂料 |
| 8 | 油漆刷 | 涂料 |
| 9 | 橡胶刮板 | 涂料 |
| 10 | 喷涂机械 | 喷涂基层处理剂、涂料 |
| 11 | 卷尺 | 测量、检查 |
| 12 | 钢丝刷 | 清理基层及管道 |
| 13 | 电动、手动搅拌器 | 拌合多组分材料 |
| 14 | 开罐刀 | 开涂料罐 |
| 15 | 塑料、胶皮刮板 | 刮涂涂料 |
| 16 | 剪刀 | 裁剪胎体增强材料 |

**2. 防水层施工**

1) 工艺流程

工艺流程如下:清理基层→涂刷基层处理剂→特殊部位附加增强处理→涂料配料和搅拌→涂刷第一遍涂料→干燥及涂刷第二遍→铺胎体增强材料→保护层施工。

2) 操作要点

(1) 清理基层:与卷材防水层相比,涂膜防水对找平层要求更为严格。防水涂料施工前,必须对基层进行严格的检查,使其达到涂膜施工的要求。基层的质量主要包括结构的刚度和整体性、找平层的刚度、强度、平整度以及基层的含水率等。

(2) 涂刷基层处理剂。

(3) 特殊部位附加增强处理:涂布大面积防水涂料前,应先对水落口、天沟、檐沟、管根、阴阳角等节点进行处理,完成密封材料的嵌填、有胎体增强材料的附加层铺设,然后进行大面积的涂料施工。

(4) 涂料配料和搅拌分为以下两种情况。

① 单组分涂料:一般用铁桶或塑料桶密封包装,打开桶盖后即可施工,但因桶装量大,且大部分涂料中含有填充料而容易沉淀产生不均匀现象,故在使用前进行搅拌。

② 双组分涂料:应根据厂家提供的配合比现场进行配制。配料时,要求计量准确,采用电动机具搅拌均匀,搅拌的混合料以颜色均匀一致为标准,已经配制好的涂料应及时使用。

(5) 涂刷第一遍涂料:薄质涂料通常采用滚涂法、喷涂法和刷涂法施工。不同类型的防水涂料应采用不同的施工工艺,聚合物水泥防水涂料、水乳型防水涂料及溶剂型防水涂料宜选用喷涂法或滚涂法施工;反应固化型防水涂料、热熔型防水涂料宜选用刮涂法或喷涂法施工；节点细部构造宜选用刷涂法或喷涂法施工。

采用油漆刷或滚筒均匀涂刷，倒料时，要注意控制涂料均匀倒洒，不可在一处倒得过多，否则会因涂料难以刷开而造成涂膜薄厚不均。涂布时，应先涂立面，后涂平面，在涂布立面或平面时，可采用分条或按顺序进行。分条进行时，每条宽度应与胎体增强材料宽度一致，以免操作人员踩踏刚涂好的涂层。涂刷时，不能将气泡裹进涂层中，如遇气泡，应立即消除。

（6）干燥及涂刷第二遍：必须待前遍涂料实干后才能进行下一遍涂刷。涂刷前，应将前一遍涂膜表面的灰尘、杂物等清理干净，还应检查前一遍涂层是否有缺陷，如气泡、露底、漏刷、胎体增强材料褶皱、翘边等现象，如果存在上述现象，应及时进行修补。

（7）铺胎体增强材料：在涂层间加铺胎体增强材料时，宜边涂布边铺胎体材料；胎体增强材料应铺贴平整，排除气泡，并应与涂料粘贴牢固。在胎体上涂布涂料时，应使涂料浸透胎体，并完全覆盖，不得有胎体外漏现象。最上面的涂膜厚度不得小于1mm。胎体增强材料可以是单一品种的，也可以混合使用。一般下层采用聚酯毡，上层采用玻纤布。

（8）保护层施工：涂膜防水屋面应设置保护层，材料可选浅色反射涂料，细砂、云母或蛭石等撒布材料，水泥砂浆、细石混凝土或块体等刚性材料。

▷ 学习笔记

学生任务单

学生任务单见表 3-34。

表 3-34 学生任务单

<table>
<tr><td rowspan="5">基本信息</td><td colspan="2">姓名</td><td></td><td>班级</td><td></td><td>学号</td><td></td></tr>
<tr><td colspan="2">任务名称</td><td colspan="5"></td></tr>
<tr><td colspan="2">小组成员</td><td colspan="5"></td></tr>
<tr><td colspan="2">任务分工</td><td colspan="5"></td></tr>
<tr><td colspan="2">完成日期</td><td colspan="3"></td><td>完成效果</td><td>（教师评价）</td></tr>
<tr><td rowspan="2">明确任务</td><td>任务目标</td><td colspan="6">1. 知识目标<br><br>2. 能力目标<br><br>3. 素质目标</td></tr>
<tr><td>依据规范</td><td colspan="6">（建议学生指明具体条款）</td></tr>
<tr><td rowspan="2">自学记录</td><td>课前准备</td><td colspan="6">（根据老师的课前任务布置，说明学习了什么内容，查阅了什么资料，浏览了什么资源等）</td></tr>
<tr><td>拓展学习</td><td colspan="6">（除了老师布置的预习任务，自己还学习了什么内容，查阅了什么资料等）</td></tr>
</table>

续表

| 任务实施 | 重点记录 | （完成任务过程中用到的知识、规范、方法等） | | | | | |
|---|---|---|---|---|---|---|---|
| 任务总结 | 存在问题 | （任务学习中存在的问题） | | | | | |
| | 解决方案 | （是如何解决的） | | | | | |
| | 其他建议 | | | | | | |
| 学习反思 | 不足之处 | | | | | | |
| | 待解问题 | | | | | | |
| 任务评价 | 自我评价（100分） | 任务学习（20分） | 目标达成（20分） | 实施方法（20分） | 职业素养（20分） | 成果质量（20分） | 分值 |
| | | | | | | | |
| | 小组评价（100分） | 任务承担（20分） | 时间观念（20分） | 团队合作（20分） | 能力素养（20分） | 成果质量（20分） | 分值 |
| | | | | | | | |
| | 教师评价（100分） | 任务执行（20分） | 目标达成（20分） | 团队合作（20分） | 能力素养（20分） | 成果质量（20分） | 分值 |
| | | | | | | | |
| | 综合得分 | 自我评价分值（30%）＋小组评价分值（30%）＋教师评价分值（40%） | | | | | |

## 任务练习

**一、单项选择题**

胎体增强材料常用于（　　　）施工中。

A. 卷材防水层　　　B. 涂膜防水层　　　C. 刚性防水层　　　D. 附加层

**二、判断题**

1. 防水涂料应多遍涂布，并应等前一遍涂布的涂料表面干燥后，再涂布后一遍涂料，且前、后两遍涂料的涂布方向宜相互垂直。　　　　　　　　　　　　　　（　　　）

2. 涂膜防水屋面施工应按"先高后低，先近后远"的原则涂刷涂料。　　　（　　　）

3. 涂膜采用胎体增强材料时，宜边涂布边铺胎体。胎体表面上的涂膜厚度不应小于 1.0mm。　　　　　　　　　　　　　　　　　　　　　　　　　（　　　）

4. 涂膜防水施工时，应将环境温度控制在 0℃ 以上。　　　　　　　　（　　　）

**三、简答题**

1. 在涂膜防水层中加铺胎体增强材料的作用是什么？

2. 涂膜防水层涂布应遵循什么原则？

3. 简述涂膜附加层最小厚度的要求。

# 任务 3.8　装配式构件防水施工

## 知识目标

1. 熟悉装配式构件防水施工要求；
2. 掌握装配式外墙拼缝防水施工工艺流程；
3. 掌握装配式外墙缝排水管安装工艺；
4. 掌握宜顶装配式屋面防水施工工艺流程。

## 能力目标

1. 能根据装配式构件类型正确选用防水材料；
2. 能判别宜顶装配式屋面防水构造；
3. 会编制宜顶装配式屋面防水施工技术方案；
4. 能进行装配式外墙拼缝防水施工。

## 思政目标

1. 树立安全施工、保护环境的工作意识；
2. 培养遵守规范的职业操守,精益求精的工作态度；
3. 培养善于思考、勇于创新的能力。

## 相关知识链接

微课

## 思想政治素养养成

以火神山医院建设真实案例导入教学,增强学生的专业责任感、使命感；通过实践操作,树立学生规范意识,养成精益求精的工匠精神,彰显学生职业发展本色。

## 任务描述

2020 年伊始,新冠肺炎肆虐,为了集中收治新型冠状病毒感染的肺炎患者,全面打赢疫情防控攻坚战,武汉市新建"火神山"和"雷神山"两座医院,仅用 10d 就完成了从设计到交付使用的过程,中国速度再一次令世界震惊。足以可见,在危难时刻,中国人民上下一心,彰显团结的力量。火神山医院采用的是装配式建筑技术,对于防水要求格外严格。

思考：

1. 如何选择装配式建筑的防水材料？
2. 装配式建筑屋面如何防水？

## 岗位技能点

1. 能进行装配式外墙拼缝防水施工；
2. 能进行宜顶装配式屋面防水施工；

3. 能指导装配式构件防水质量验收。

## 任务点

1. 装配式外墙拼缝施工；
2. 排水管安装施工；
3. 宜顶装配式屋面施工。

## 任务前测

1. 装配式外墙拼缝防水有哪些要求？

_____

_____

_____

_____

2. 应如何选择装配式外墙拼缝防水材料？

_____

_____

_____

_____

3. 装配式外墙拼缝防水施工的要点是什么？

_____

_____

_____

_____

4. 安装排水管的施工要点是什么？

_____

_____

_____

_____

_____

5. TPO 防水卷材具有哪些特点？

_____

_____

_____

_____

_____

6. TPO 防水卷材的施工要点是什么？

_____

_____

_____

_____

📝 **预习笔记**

📖 **完成任务所需的支撑知识**

### 3.8.1　装配式外墙拼缝防水施工

**1. 一般要求**

(1) 外墙拼缝构造应满足防水、防火、隔声等建筑功能的要求。

(2) 外墙拼缝宽度应满足主体结构的层间位移、密封材料的变形能力及施工误差、温差引起的变形要求。

(3) 外墙一般设置预留缝隙宽度为 20mm，在满足基材伸缩余量的前提下，最小的拼缝宽度为 10mm。

(4) 当拼缝宽度小于 10mm 时，宽深比 $A:B$ 为 1:1；当拼缝宽度大于 10mm 时，宽深比 $A:B$ 为 2:1。施工人员应根据实际的拼缝宽度选择相应的宽深比。

(5) 建筑密封胶与混凝土要有良好的粘结性，还应具有耐候性、可涂装性和环保性。密封胶进场前，应按规范要求进行抽样，同时委托有资质的实验室对相应的材料进行二次检验。

**2. 外墙拼缝防水材料的选型**

装配式建筑外墙拼缝防水材料主要包括发泡聚乙烯棒和密封胶。密封胶一般采用西卡高性能预制专用聚氨酯外墙密封胶，这种材料在多孔基面上有良好的粘结性能。若西卡高性能预制专用聚氨酯外墙密封胶与基材底部直接粘结，其变形能力会受到影响，使用聚乙烯棒作为背衬材料，可控制密封胶的施胶深度和形状。通常情况下，背衬材料应大于接缝宽度的 25%，实现宽深比 2:1 或 1:1（根据实际接缝宽度而定）。如果因拼缝太窄而无法放置背衬材料，应使用粘结隔离带覆盖拼缝底部。

**3. 外墙拼缝防水施工工艺**

1) 工艺流程

工艺流程如下：检查拼缝状态→基层处理→填塞背衬材料→粘贴美纹纸→涂刷底涂液→打胶施工→修正→拆除美纹纸并检查，见表 3-35。

表 3-35　外墙拼缝防水施工工艺流程

| 序号 | 工　序 | 图　例 | 注　意　事　项 |
|---|---|---|---|
| 1 | 检查拼缝状态 | | 用钢卷尺测量拼缝的宽度及深度,确认是否符合设计标准;检查拼缝内是否有浮浆等残留物 |
| 2 | 基层处理 | | 采用角磨机清理浮浆,采用钢丝刷清理墙体杂质,采用毛刷清理残留灰尘 |
| 3 | 填塞背衬材料 | | 泡沫棒要充分压实,填充完成后,检查缝隙宽度与深度是否合适,是否与泡沫棒相配套 |
| 4 | 粘贴美纹纸 | | 美纹纸要粘贴牢固 |
| 5 | 涂刷底涂液 | | 用毛刷涂刷底涂液,涂刷必须均匀、到位 |

续表

| 序号 | 工 序 | 图 例 | 注意事项 |
|---|---|---|---|
| 6 | 打胶施工 | | 打胶时，注意注入角度，应从底部开始注入，使胶饱满，无气泡，同时注意不要污染墙面 |
| 7 | 修正 | | 采用刮板刮平压实密封胶，刮胶过程中注意不得污染墙面，如造成污染，应及时清理 |
| 8 | 撕掉美纹纸并检查 | | 撕掉美纹纸的过程中，应注意不要污染其他部位，如有问题，应马上修补 |

2) 操作要点

(1) 基层处理：采用角磨机或钢丝刷去除基层浮浆，如油脂、灰尘、油漆、水泥浮浆和其他不利于粘结的微粒；用毛刷或者真空吸尘器清洁基材表面上由于打磨而残留的灰尘、杂质等，保证基层平整、干燥。

(2) 涂刷底涂液需要注意以下几点。

① 施工底涂前，要确保背衬材料（聚乙烯泡沫棒）已放置好，美纹纸已贴好。

② 使用毛刷刷一薄层底涂，底涂应只涂刷一次，避免漏刷及来回反复刷涂。

③ 底涂在低于15℃的条件下应晾置30min，高于15℃的条件下应晾置10min，确保打胶前底涂已完全干燥。

(3) 打胶施工操作要点如下。

① 打胶施工前，应确认背衬材料放置完毕，并保证宽深比为2∶1或1∶1（根据实际接缝宽度而定）。

② 应在基材拼缝四周贴上美纹纸，底涂施工完毕，且完全干燥。

③ 将胶嘴探到接缝底部，保持合适的速度，连续注入足够的密封胶，并有少许外溢，以

避免胶体和胶条之间产生空腔。

④ 当接缝大于 30mm 时,应分两次施工,即注入一半密封胶之后,用刮刀或者刮片下压密封胶,再注入另一半密封胶。

⑤ 打胶施工完成后,用刮片将密封胶刮平压实,禁止来回反复刮胶。

⑥ 用抹刀修饰出平整的凹形边缘。

⑦ 用专用活化剂抹平修整密封胶表面,应确保液体不渗进密封胶和接缝相接处。

⑧ 密封胶表面风干之后,才能揭下美纹纸。

## 3.8.2 外墙拼缝排水管安装要点

由于装配式外墙拼缝内部容易产生积水现象,积水凝固后会对外墙挂板间的混凝土产生不好的影响,从而导致漏水问题。因此,应在外墙拼缝每隔三层的十字交叉处增加防水排水管。

**1. 安装排水管的优点**

(1)发生漏水时,可确保雨水有位置流出,防止雨水堆积在内部。

(2)一旦发生漏水,可由排水管安装楼层迅速推断出漏水位置。

(3)接缝内部有可能因为冷热温差而形成结露水,安装排水管可使结露水经由排水管导出。

**2. 排水管施工工艺流程**

工艺流程如下:安装隔离材料→接缝处理→涂底胶→密封胶施工→表面处理→安装排水管→打胶施工→清理并检查。

**3. 排水管施工操作要点**

(1)根据拼缝尺寸选择合适的隔离材料,使其贴至内墙,高度应控制在 30~50cm。

(2)使用毛刷等工具清理接缝,去除灰尘等污渍。

(3)在接触面涂刷底涂胶,底涂干燥时间至少需要 30min。

(4)进行密封胶施工。

(5)用刮刀将密封胶刮均匀、平整。

(6)排水管应选择直径为 8mm 以上的管,安装时,应保证排水管至少凸出外墙 5mm。

(7)进行外墙拼缝密封胶施工,用刮刀按压排水管周围的密封胶,使其均匀、平整。

(8)撕掉防护胶带,确保接缝周边没有被污染。

## 3.8.3 宜顶装配式屋面施工

**1. 施工准备**

1)技术准备

(1)进行技术交底,明确施工人员的岗位责任。

(2)确定质量检验程序、检验内容、检验方法。

(3)做好工程基本状况、施工状况记录,记录工程检查与验收所需资料等。

2）材料准备

（1）防水卷材：TPO防水卷材即热塑性聚烯烃类防水卷材，是以热塑性聚烯烃（TPO）合成树脂为基料，加入抗氧剂、防老剂、软化剂等添加剂制成的新型防水卷材，属于合成高分子类防水卷材，具有抗老化、伸长率大、拉伸强度高、潮湿屋面可施工、外露不需保护层、施工方便、无污染等优点，极适用于轻型节能屋面防水层的施工。

（2）此外，还应准备密封材料。

3）施工机具准备

TPO防水卷材施工机具见表3-36。

表3-36　TPO防水卷材施工机具

| 序号 | 机具名称 | 用　途 | 序号 | 机具名称 | 用　途 |
|---|---|---|---|---|---|
| 1 | 扫帚 | 清理基层 | 7 | 剪刀 | 裁剪卷材 |
| 2 | 小平铲 | 清理基层 | 8 | 弹线盒 | 弹线 |
| 3 | 高压吹风机 | 清理基层 | 9 | 钢卷尺 | 度量尺寸 |
| 4 | 滚动刷 | 涂刷基层处理剂 | 10 | 手持/自动热空气焊接机 | 卷材焊接 |
| 5 | 毛刷 | 涂刷基层处理剂 | 11 | 卷材展铺器 | 卷材铺贴 |
| 6 | 墙纸刀 | 裁剪卷材 | 12 | 压辊 | 辊压卷材 |

**2. 基层施工要求**

（1）将基层上的杂质、灰尘清理干净，确保基层坚实、干燥、干净、平整。

（2）检查与凸出屋面结构的连接处、阴阳角以及转角处的过渡圆弧是否符合要求，圆弧半径不小于50mm。

（3）阴阳角、管根部位等处要仔细清理，穿屋面管件安装完毕后，方可进行防水施工。

**3. 卷材防水层施工**

1）工艺流程

工艺流程如下：清理基层→铺贴防水卷材→热风焊接卷材→细部节点处理→切边部位切边密封膏→质量检查。

2）操作要点

（1）清理基层：用小平铲剔除基层上隆起的异物，用高压吹风机清理基层上的杂物，并用扫帚清扫干净尘土。

（2）铺贴防水卷材：根据放线位置，先进行预铺，把卷材按轮廓布置在基层上。铺设时，应顺流水方向铺贴，要求卷材平整顺直，不得扭曲，搭接宽度为80mm。

（3）热风焊接卷材：使用手持/自动热空气焊接机或自动热空气焊接机以热空气焊TPO卷材。热风焊接卷材在施工时，首先应将卷材在基层上铺平顺直，不得扭曲或有褶皱，并保持卷材清洁，尤其是在搭接处，要求干燥、洁净，不能有油污、泥浆等，否则会严重影响焊接效果，造成接缝渗漏。热风焊接卷材防水施工工艺的关键是接缝焊接，焊接的参数是加热温度和时间，而加热温度和时间与施工时的气候有关，所以需要专业的施工人员经过培训掌握加热温度和时间，才能保证焊接质量。焊接时，应先焊长边搭接缝，后焊短边搭接缝。

（4）处理细部节点：阴、阳角处采用焊接法增铺卷材附加层；卷材收口处采用压条收口，螺钉固定，用密封膏密封。

（5）切边部位切边密封膏：将打胶处清理干净，在 TPO 卷材的切边上涂直径 3mm 切边密封膏，需在干燥的情况下进行施工。

（6）检查质量：施工完成后，应进行质量检查，合格之后，方可进行下道工序施工。

学习笔记

学生任务单

学生任务单见表 3-37。

表 3-37　学生任务单

| 基本信息 | 姓名 | | 班级 | | 学号 | |
| --- | --- | --- | --- | --- | --- | --- |
| | 任务名称 | | | | | |
| | 小组成员 | | | | | |
| | 任务分工 | | | | | |
| | 完成日期 | | | 完成效果 | （教师评价） | |
| 明确任务 | 任务目标 | 1. 知识目标<br><br>2. 能力目标<br><br>3. 素质目标 | | | | |
| | 依据规范 | （建议学生指明具体条款） | | | | |
| 自学记录 | 课前准备 | （根据老师的课前任务布置，说明学习了什么内容，查阅了什么资料，浏览了什么资源等） | | | | |
| | 拓展学习 | （除了老师布置的预习任务，自己还学习了什么内容，查阅了什么资料等） | | | | |

续表

| 任务实施 | 重点记录 | （完成任务过程中用到的知识、规范、方法等） | | | | | |
|---|---|---|---|---|---|---|---|
| 任务总结 | 存在问题 | （任务学习中存在的问题） | | | | | |
| | 解决方案 | （是如何解决的） | | | | | |
| | 其他建议 | | | | | | |
| 学习反思 | 不足之处 | | | | | | |
| | 待解问题 | | | | | | |
| 任务评价 | 自我评价（100分） | 任务学习（20分） | 目标达成（20分） | 实施方法（20分） | 职业素养（20分） | 成果质量（20分） | 分值 |
| | | | | | | | |
| | 小组评价（100分） | 任务承担（20分） | 时间观念（20分） | 团队合作（20分） | 能力素养（20分） | 成果质量（20分） | 分值 |
| | | | | | | | |
| | 教师评价（100分） | 任务执行（20分） | 目标达成（20分） | 团队合作（20分） | 能力素养（20分） | 成果质量（20分） | 分值 |
| | | | | | | | |
| | 综合得分 | 自我评价分值（30%）＋小组评价分值（30%）＋教师评价分值（40%） | | | | | |

## 任务练习

**一、单项选择题**

1. TPO 高分子防水卷材厚度为 1.2mm，采用（　　）压顶施工工法，卷材搭接边采用热风焊接。

    A. 满粘　　　　　　B. 空铺　　　　　　C. 自粘　　　　　　D. 热熔

2. 在平立面交接处、阴阳角、转角处应抹成圆弧，圆弧半径不小于（　　）mm。

    A. 30　　　　　　　B. 40　　　　　　　C. 50　　　　　　　D. 60

**二、判断题**

在 TPO 卷材的切边上涂 3mm 切边密封膏，密封膏施工前，需将打胶处清理干净，在保持干燥的情况下进行施工。　　　　　　　　　　　　　　　　　　　　（　　）

**三、简答题**

1. 在外墙拼缝每隔三层的十字交叉处安装排水管有哪些优点？

_____

_____

_____

_____

_____

2. 简述热风焊接卷材时的注意事项。

_____

_____

_____

_____

_____

3. 宜顶装配式屋面防水施工时细部节点如何处理？

_____

_____

_____

_____

_____

# 单元检测三

## 一、单项选择题

1. 在屋面防水中,当采用高聚物改性沥青防水卷材热熔法施工时,固定端部卷材,若熔粘卷材端部只剩下 30cm,需要用(　　)保证熔粘安全。

　　A. 烫板　　　　　　B. 隔热板　　　　　　C. 压辊　　　　　　D. 抹刀

2. SBS 防水卷材使用热熔法施工时,搭接宽度不小于(　　)mm。

　　A. 50　　　　　　　B. 100　　　　　　　C. 150　　　　　　D. 200

3. 屋面卷材防水层施工时,同一层相邻两幅卷材短边搭接缝错开不应小于(　　)mm。

　　A. 350　　　　　　B. 500　　　　　　　C. 750　　　　　　D. 1000

4. 地下防水工程 SBS 改性沥青防水卷材施工,其短边搭接长度为 100mm,长边搭接长度为(　　)mm。

　　A. 120　　　　　　B. 50　　　　　　　C. 80　　　　　　　D. 100

5. 热熔法卷材防水施工时的环境温度不应低于(　　)℃。

　　A. -15　　　　　　B. -10　　　　　　　C. 0　　　　　　　D. 5

6. 卷材与基层全部粘贴的施工方法是(　　)。

　　A. 点粘法　　　　　B. 满粘法　　　　　　C. 空铺法　　　　　D. 机械固定法

7. 水泥砂浆防水层必须留设施工缝时,应采用阶梯坡形槎,但离阴阳角处的距离不得小于(　　)mm。

　　A. 100　　　　　　B. 200　　　　　　　C. 300　　　　　　D. 500

8. 涂膜防水层不得有渗漏或积水现象,施工完要进行蓄水试验,蓄水时间是(　　)h。

　　A. 12　　　　　　　B. 24　　　　　　　C. 48　　　　　　　D. 72

## 二、判断题

1. 二层改性沥青防水卷材叠层施工时,上、下层卷材长边搭接缝应错开,且不应小于幅宽的 1/3。　　　　　　　　　　　　　　　　　　　　　　　　　　　　　　　　(　　)

2. 一般来讲,厕浴间工程由于施工面积小,管道穿楼板较多,应提倡使用卷材防水。

　　　　　　　　　　　　　　　　　　　　　　　　　　　　　　　　　　　　(　　)

3. 涂膜防水施工涂布顺序应按照"先低后高、先远后近、先檐口后屋脊、先细部节点后大面"的原则进行。　　　　　　　　　　　　　　　　　　　　　　　　　　　　(　　)

4. 外墙防水施工时,涂刷涂料的遍数由基层或墙面的平整度来决定,涂刷遍数越多越好。　　　　　　　　　　　　　　　　　　　　　　　　　　　　　　　　　　　(　　)

## 三、简答题

1. 简述明挖法地下工程防水混凝土的最低抗渗等级要求。

2. 如何养护水泥砂浆防水层?

_____

_____

_____

3. 什么是外防外贴法? 简述其施工工艺流程。

_____

_____

_____

4. 简述外防外贴法与外防内贴法的区别。

_____

_____

_____

5. 防水涂膜施工前对基层处理有什么要求?

_____

_____

_____

6. 简述厕浴间防水涂料施工工艺流程。

_____

_____

_____

7. 卷材与基层有哪些连接方式?

_____

_____

_____

8. 什么是热熔法? 简述其施工工艺流程。

_____

_____

_____

9. 简述装配式外墙拼缝防水施工要点。

_____

_____

_____

10. TPO防水卷材具有哪些特点? 简述其施工工艺流程。

_____

_____

_____

# 模块 4　防水施工质量验收

## 思维导图

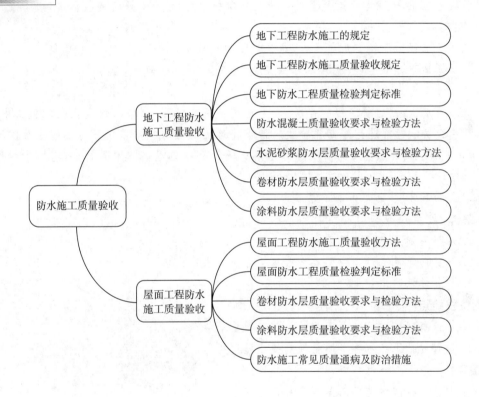

防水施工质量验收
- 地下工程防水施工质量验收
  - 地下工程防水施工的规定
  - 地下工程防水施工质量验收规定
  - 地下防水工程质量检验判定标准
  - 防水混凝土质量验收要求与检验方法
  - 水泥砂浆防水层质量验收要求与检验方法
  - 卷材防水层质量验收要求与检验方法
  - 涂料防水层质量验收要求与检验方法
- 屋面工程防水施工质量验收
  - 屋面工程防水施工质量验收方法
  - 屋面防水工程质量检验判定标准
  - 卷材防水层质量验收要求与检验方法
  - 涂料防水层质量验收要求与检验方法
  - 防水施工常见质量通病及防治措施

## 任务 4.1　地下工程防水施工质量验收

### 知识目标

1. 熟悉地下工程防水施工的基本规定；
2. 掌握地下工程防水施工质量验收的方法及相关标准。

### 能力目标

1. 会进行地下防水施工质量验收；
2. 会分析防水失败的原因，并提出整改措施。

### 思政目标

1. 树立按规操作、注重隐蔽工程验收质量的意识；
2. 培养善于思考、细致分析的能力。

**相关知识链接**

微课

**思想政治素养养成**

在防水施工质量验收过程中,帮助学生熟悉规范并培养学生耐心细致的工作态度;通过工程实际应用,考察学生对质量验收方法的掌握程度,以及对质量验收标准的应用。

**任务描述**

某建筑工程位于经济开发区内,建筑主要用于商务办公和住宅,地上建筑 27 层,地下建筑 2 层。地下建筑空间分别为储藏室和设备间以及停车场,建筑结构为钢筋混凝土结构。

防水要求:根据建筑工程的需求,地下建筑采用二级防水标准,但是在实际施工中,需要按照一级防水标准进行施工并验收。地下建筑主要防水材料采用防水混凝土加防水卷材,防水混凝土的等级为 P6,防水卷材采用交叉膜反应型湿铺防水卷材,所有防水材料均符合标准。

竣工 1 年后,暑期发生地下室渗水。

**思考:**

1. 地下室渗水有哪些原因?

2. 卷材防水施工过程中哪些环节可能导致渗水?

3. 如何确保防水效果?

**岗位技能点**

1. 能依据规范进行地下工程防水施工质量验收;

2. 能针对地下防水施工质量通病提出整改措施。

**任务点**

1. 地下工程防水施工的基本规定;

2. 地下工程防水施工质量验收的方法;

3. 地下防水工程质量检验判定标准。

**任务前测**

1. 地下工程防水施工质量验收应遵循哪些规范?

_____

_____

_____

_____

_____

2. 防水卷材的施工有哪些规定?

_____

_____

_____

_____

3. 防水工程验收时,需要核验哪些文件和记录?

_____

_____

_____

_____

4. 明挖法地下工程的隐蔽工程检验内容有哪些?

_____

_____

_____

_____

📝 预习笔记

## 完成任务所需的支撑知识

### 4.1.1 地下工程防水施工的规定

**1. 防水混凝土**

(1)严禁在运输与浇筑过程中加水。

(2)应及时进行保湿养护,养护时间不应少于14d。

(3)后浇带部位的混凝土在施工前,交界面应做粗糙面处理,并应清除积水和杂物。

**2. 防水卷材**

(1)卷材应铺贴平整顺直,不应有起鼓、张口、翘边等现象。

(2)同层相邻两幅卷材短边搭接错缝距离不应小于500mm。

(3)双层铺贴卷材时,上、下两层和相邻两幅卷材的接缝应错开至少1/3幅宽,且不应互相垂直铺贴。

（4）同层卷材搭接不应超过 3 层。

（5）卷材收头应固定密封。

**3. 防水涂料**

（1）涂层应均匀，厚度应符合设计要求，且不应有起鼓。

（2）接槎宽度不应小于 100mm。

（3）当遇有降雨时，未完全固化的涂膜应覆盖保护。

（4）当设置胎体增强材料时，胎体应铺贴平整、涂料应浸透胎体，且胎体不应外露。

## 4.1.2 地下工程防水施工质量验收规定

防水工程施工完成后，应按规定程序和组织方式进行质量验收，应符合现行国家标准《建筑工程施工质量验收统一标准》（GB 50300—2013）的有关规定；防水工程验收时，应核验下列文件和记录。

（1）设计施工图、图纸会审记录、设计变更文件。

（2）材料的产品合格证、质量检验报告、进场材料复验报告。

（3）施工方案。

（4）隐蔽工程验收记录：防水隐蔽工程应留存现场影像资料，形成隐蔽工程验收记录，其检验内容应符合表 4-1 的规定。

表 4-1　隐蔽工程检验内容

| 工程类型 | 隐蔽工程检验内容 |
| --- | --- |
| 明挖法地下工程 | ・防水层的基层；<br>・防水层及附加防水层；<br>・防水混凝土结构的施工缝、变形缝、后浇带、诱导缝等接缝防水构造；<br>・防水混凝土结构的穿墙管、埋设件、预留通道接头、桩头、格构柱、抗浮锚索（杆）等节点防水构造；<br>・基坑的回填 |
| 暗挖法地下工程 | ・防水层的基层；<br>・防水层及附加防水层；<br>・二次衬砌结构的施工缝、变形缝等接缝防水构造；<br>・二次衬砌结构的穿墙管、埋设件、预留通道接头等节点防水构造；<br>・预埋注浆系统；<br>・排水系统；<br>・预制装配式衬砌接缝密封；<br>・顶管、箱涵接头防水 |

（5）工程质量检验记录、渗漏水处理记录。

地下防水工程的观感质量检查应符合下列规定。

① 防水混凝土应密实，表面应平整，不得有露筋、蜂窝等缺陷；裂缝宽度不得大于0.2mm，并不得贯通。

② 水泥砂浆防水层应密实、平整、粘结牢固，不得有空鼓、裂纹、起砂、麻面等缺陷。

③ 卷材防水层接缝应粘结牢固、封闭严密，防水层不得有损伤、空鼓、褶皱等缺陷。

④ 涂料防水层应与基层粘结牢固,不得有脱皮、流淌、鼓泡、露胎、褶皱等缺陷。

⑤ 变形缝、施工缝、后浇带、穿墙管、埋设件、预留通道接头、桩头、孔口、坑、池等防水构造应符合设计要求。

⑥ 结构裂缝的注浆效果应符合设计要求。

(6) 淋水、蓄水或水池满水试验记录:地下工程出现渗漏水时,应及时进行治理,符合设计的防水等级标准要求后,方可验收。

(7) 施工记录。

(8) 质量验收记录。

### 4.1.3　地下防水工程质量检验判定标准

地下防水工程质量检验合格判定标准应符合表 4-2 的规定。

表 4-2　地下防水工程质量检验合格判定标准

| 地下工程类型 | 工程防水类别 | | |
| --- | --- | --- | --- |
| | 甲　类 | 乙　类 | 丙　类 |
| 建筑工程 | 不应有渗水,结构背水面无湿渍 | 不应有滴漏、线漏,结构背水面可能有零星分布的湿渍 | 不应有线漏、漏泥砂,结构背水面可能有少量湿渍、流挂或滴漏 |
| 市政工程 | 不应有渗水,结构背水面无湿渍 | 不应有线漏,结构背水面可能有零星分布的湿渍和流挂 | 不应有线流、漏泥砂,结构背水面可能有少量湿渍、流挂或滴漏 |

### 4.1.4　防水混凝土质量验收要求与检验方法

防水混凝土分项工程检验批的抽样检验数量,应按混凝土外露面积每 $100m^2$ 抽查 1 处,每处 $10m^2$,且不得少于 3 处。防水混凝土质量验收要求与检验方法如表 4-3 所示。

表 4-3　防水混凝土质量验收要求与检验方法

| 项目 | 项次 | 要　求 | 检　验　方　法 |
| --- | --- | --- | --- |
| 主控项目 | 1 | 防水混凝土的原材料、配合比及坍落度必须符合设计要求 | 检查产品合格证、产品性能检测报告、计量措施和材料进场检验报告 |
| | 2 | 防水混凝土的抗压强度和抗渗性能必须符合设计要求 | 检查混凝土抗压强度、抗渗性能检验报告 |
| | 3 | 防水混凝土结构的变形缝、施工缝、后浇带、穿墙管、埋设件等设置和构造必须符合设计要求 | 观察检查和检查隐蔽工程验收记录 |

| 项目 | 项次 | 要　求 | 检验方法 |
|---|---|---|---|
| 一般项目 | 1 | 防水混凝土结构表面应坚实、平整,不得有露筋、蜂窝等缺陷;埋设件位置应准确 | 观察检查 |
| | 2 | 防水混凝土结构表面的裂缝宽度不应大于0.2mm,且不得贯通 | 用刻度放大镜检查 |
| | 3 | 防水混凝土结构厚度不应小于250mm,其允许偏差应为+8mm、-5mm;主体结构迎水面钢筋保护层厚度不应小于50mm,其允许偏差为±5mm | 尺量检查和检查隐蔽工程验收记录 |

## 4.1.5　水泥砂浆防水层质量验收要求与检验方法

水泥砂浆防水层分项工程检验批的抽样检验数量,应按施工面积每100m² 抽查1处,每处10m²,且不得少于3处。水泥砂浆防水层质量验收要求与检验方法如表4-4所示。

表 4-4　水泥砂浆防水层质量验收要求与检验方法

| 项目 | 项次 | 要　求 | 检验方法 |
|---|---|---|---|
| 主控项目 | 1 | 防水砂浆的原材料及配合比必须符合设计规定 | 检查产品合格证、产品性能检测报告、计量措施和材料进场检验报告 |
| | 2 | 防水砂浆的粘结强度和抗渗性能必须符合设计规定 | 检查砂浆粘结强度、抗渗性能的检测报告 |
| | 3 | 水泥砂浆防水层与基层之间应结合牢固,无空鼓现象 | 观察和用小锤轻击检查 |
| 一般项目 | 1 | 水泥砂浆防水层表面应密实、平整,不得有裂纹、起砂、麻面等缺陷 | 观察检查和检查隐蔽工程验收记录 |
| | 2 | 水泥砂浆防水层的平均厚度应符合设计要求,最小厚度不得小于设计值的85% | 用针测法检查 |
| | 3 | 水泥砂浆防水层表面平整度的允许偏差应为5mm | 用2m靠尺和楔形塞尺检查 |

## 4.1.6　卷材防水层质量验收要求与检验方法

卷材防水层分项工程检验批的抽检数量,应按铺贴面积每100m² 抽查1处,每处10m²,且不得少于3处。卷材防水层质量验收要求与检验方法如表4-5所示。

表 4-5 卷材防水层质量验收要求与检验方法

| 项目 | 项次 | 要 求 | 检 验 方 法 |
|---|---|---|---|
| 主控项目 | 1 | 卷材防水层所用卷材及其配套材料必须符合设计要求 | 检查产品合格证、产品性能检测报告和材料进场检验报告 |
| | 2 | 卷材防水层在转角处、变形缝、施工缝、穿墙管等部位做法必须符合设计要求 | 观察检查和检查隐蔽工程验收记录 |
| 一般项目 | 1 | 卷材防水层的搭接缝应粘贴或焊接牢固,密封严密,不得有扭曲、翘边和起泡等缺陷 | 观察检查 |
| | 2 | 采用外防外贴法铺贴卷材防水层时,立面卷材接槎的搭接宽度,高聚物改性沥青类卷材应为 150mm,合成高分子类卷材应为 100mm,且上层卷材应盖过下层卷材 | 观察和尺量检查 |
| | 3 | 侧墙卷材防水层的保护层与防水层应结合紧密,保护层厚度应符合设计要求 | 观察和尺量检查 |
| | 4 | 卷材搭接宽度的允许偏差应为－10mm | 观察和尺量检查 |

## 4.1.7 涂料防水层质量验收要求与检验方法

涂料防水层分项工程检验批的抽检数量,应按铺贴面积每 100m² 抽查 1 处,每处 10m²,且不得少于 3 处。涂料防水层质量验收要求与检验方法如表 4-6 所示。

表 4-6 涂料防水层质量验收要求与检验方法

| 项目 | 项次 | 要 求 | 检 验 方 法 |
|---|---|---|---|
| 主控项目 | 1 | 涂料防水层所用的材料及配合比必须符合设计要求 | 检查产品合格证、产品性能检测报告、计量措施和材料进场检验报告 |
| | 2 | 涂料防水层的平均厚度应符合设计要求,最小厚度不得低于设计厚度的90% | 用针测法检查 |
| | 3 | 涂料防水层在转角处、变形缝、施工缝、穿墙管等部位的做法必须符合设计要求 | 观察检查和检查隐蔽工程验收记录 |
| 一般项目 | 1 | 涂料防水层应与基层粘结牢固、涂刷均匀,不得流淌、鼓泡、露槎 | 观察检查 |
| | 2 | 涂层间夹铺胎体增强材料时,应使防水涂料浸透胎体覆盖完全,不得有胎体外露现象 | 观察检查 |
| | 3 | 侧墙涂料防水层的保护层与防水层应结合紧密,保护层厚度应符合设计要求 | 观察检查 |
| | 4 | 卷材搭接宽度的允许偏差应为－10mm | 观察和尺量检查 |

## 学生任务单

学生任务单见表 4-7。

表 4-7　学生任务单

<table>
<tr><td rowspan="5">基本信息</td><td>姓名</td><td></td><td>班级</td><td></td><td>学号</td><td></td></tr>
<tr><td>任务名称</td><td colspan="5"></td></tr>
<tr><td>小组成员</td><td colspan="5"></td></tr>
<tr><td>任务分工</td><td colspan="5"></td></tr>
<tr><td>完成日期</td><td colspan="2"></td><td>完成效果</td><td colspan="2">（教师评价）</td></tr>
<tr><td rowspan="2">明确任务</td><td>任务目标</td><td colspan="5">1. 知识目标<br><br>2. 能力目标<br><br>3. 素质目标</td></tr>
<tr><td>依据规范</td><td colspan="5">（建议学生指明具体条款）</td></tr>
<tr><td rowspan="2">自学记录</td><td>课前准备</td><td colspan="5">（根据老师的课前任务布置，说明学习了什么内容，查阅了什么资料，浏览了什么资源等）</td></tr>
<tr><td>拓展学习</td><td colspan="5">（除了老师布置的预习任务，自己还学习了什么内容，查阅了什么资料等）</td></tr>
</table>

续表

| 任务实施 | 重点记录 | （完成任务过程中用到的知识、规范、方法等） | | | | | |
|---|---|---|---|---|---|---|---|
| 任务总结 | 存在问题 | （任务学习中存在的问题） | | | | | |
| | 解决方案 | （是如何解决的） | | | | | |
| | 其他建议 | | | | | | |
| 学习反思 | 不足之处 | | | | | | |
| | 待解问题 | | | | | | |
| 任务评价 | 自我评价（100分） | 任务学习（20分） | 目标达成（20分） | 实施方法（20分） | 职业素养（20分） | 成果质量（20分） | 分值 |
| | | | | | | | |
| | 小组评价（100分） | 任务承担（20分） | 时间观念（20分） | 团队合作（20分） | 能力素养（20分） | 成果质量（20分） | 分值 |
| | | | | | | | |
| | 教师评价（100分） | 任务执行（20分） | 目标达成（20分） | 团队合作（20分） | 能力素养（20分） | 成果质量（20分） | 分值 |
| | | | | | | | |
| | 综合得分 | 自我评价分值（30%）＋小组评价分值（30%）＋教师评价分值（40%） | | | | | |

## 任务练习

**一、单项选择题**

1. 地下工程涂膜防水层的平均厚度应符合设计要求,且最小厚度不得小于设计厚度的(　　)。

　　A. 60％　　　　　　B. 70％　　　　　　C. 80％　　　　　　D. 90％

2. 水泥砂浆防水层分项工程检验批的抽样检验数量,应按施工面积每(　　)抽查1处,每处 10m²,且不得少于 3 处。

　　A. 100　　　　　　B. 200　　　　　　　C. 300　　　　　　　D. 500

3. 防水工程质量评定等级分为(　　)。

　　A. 优良、合格　　　　　　　　　　　　　B. 合格、不合格

　　C. 优良、合格、不合格　　　　　　　　　D. 优良、不合格

4. 根据《地下工程防水技术规范》(GB 50108—2008)的要求,地下工程混凝土结构裂缝宽度不得大于(　　)mm。

　　A. 0.1　　　　　　B. 0.2　　　　　　　C. 0.3　　　　　　　D. 0.5

5. 防水涂料涂层应均匀,厚度应符合设计要求,且不应起鼓,接槎宽度不应小于(　　)mm。

　　A. 10　　　　　　B. 50　　　　　　　C. 100　　　　　　　D. 250

6. 同层相邻两幅卷材短边搭接错缝距离不应小于(　　)mm,卷材双层铺贴时,上、下两层和相邻两幅卷材的接缝应错开至少 1/3 幅宽,且不应互相垂直铺贴。

　　A. 50　　　　　　B. 100　　　　　　　C. 500　　　　　　　D. 600

**二、判断题**

1. 地下工程涂膜防水层的平均厚度不应小于设计厚度的 90％。　　　　　　(　　)

2. 防水工程应由具备相应资质的专业队伍进行施工,所有作业人员应培训上岗。(　　)

3. 主体结构迎水面钢筋保护层厚度不应小于 50mm,其允许偏差为 ±5mm。　(　　)

**三、简答题**

1. 地下卷材防水层和地下涂膜防水层常见的质量通病有哪些?

_____

_____

_____

2. 地下工程水泥砂浆防水施工质量检验时,检验数量如何规定?

_____

_____

_____

3. 涂料防水层质量验收要求有哪些?

_____

_____

# 任务4.2 屋面工程防水施工质量验收

## 知识目标

1. 掌握屋面工程防水施工质量验收的方法及相关标准；

2. 掌握卷材和涂膜防水常见的施工质量通病及防治措施。

## 能力目标

1. 具备屋面防水施工质量验收的能力；

2. 具备判断常见防水施工质量通病的能力。

## 思政目标

1. 增强学生社会责任意识；

2. 养成公平公正、诚实守信的职业道德；

3. 养成按规范规程做事的习惯。

## 相关知识链接

微课

## 思想政治素养养成

防水质量直接决定了建筑质量,通过学习屋面工程防水施工质量验收,锻炼学生养成公平公正、诚实守信的品质和按规范规程做事的习惯;通过对防水施工常见的质量通病控制,使学生增强社会责任感,树立质量意识,在校争做一名诚实守信的学生,毕业后争做一名优秀的建筑人。

## 任务描述

某综合楼,地上建筑16层,地下建筑2层,建筑结构为现浇混凝土框架剪力墙结构。建筑檐高60.34m,面积68000m²,屋面卷材防水施工完毕后,在女儿墙、屋面墙根部和伸出屋面管道处出现不同程度的渗漏现象。

思考:

1. 出现渗漏有哪些原因?

2. 为确保防水效果,如何制定相应措施?

## 岗位技能点

1. 能根据规范进行屋面工程防水施工质量验收；

2. 能针对屋面防水施工质量通病提出整改措施。

## 任务点

1. 屋面工程防水施工质量验收的方法；

2. 屋面防水工程质量检验判定标准；

3. 屋面防水常见质量通病及防治措施。

### 任务前测

1. 屋面防水工程质量检验合格判定标准是什么?

2. 卷材防水层质量验收有哪些主控项目和一般项目? 分别如何验收?

3. 涂料防水层质量验收有哪些主控项目和一般项目? 分别如何验收?

4. 导致卷材起鼓有哪些原因? 如何防治?

5. 涂膜出现裂缝、鼓泡、露胎体等缺陷有哪些原因? 如何防治?

### 预习笔记

### 完成任务所需的支撑知识

## 4.2.1 屋面工程防水施工质量验收方法

防水工程施工完成后,应按规定程序和组织方式进行质量验收,并符合现行国家标准《建筑工程施工质量验收统一标准》(GB 50300—2013)的有关规定。防水工程验收时,应核验下列文件和记录。

(1) 设计施工图、图纸会审记录、设计变更文件。

(2) 材料的产品合格证、质量检验报告、进场材料复验报告。

(3) 施工方案。

(4) 隐蔽工程验收记录。防水隐蔽工程应留存现场影像资料,形成隐蔽工程验收记录,防水隐蔽工程检验内容如下:防水层的基层;防水层及附加防水层;檐口、檐沟、天沟、水落口、泛水、天窗、变形缝、女儿墙压顶和出屋面设施等节点防水构造。

(5) 工程质量检验记录、渗漏水处理记录。

(6) 淋水、蓄水或水池满水试验记录。建筑屋面工程在屋面防水层和节点防水完成后,应进行雨后观察或淋水、蓄水试验,并应符合下列规定:采用雨后观察时,降雨应达到中雨量级标准;采用淋水试验时,持续淋水时间不应少于2h;檐沟、天沟、雨水口等应进行蓄水试验,其最小蓄水高度不应小于20mm,蓄水时间不应少于24h。

(7) 施工记录。

(8) 质量验收记录。

防水工程检验批质量验收合格应符合下列规定:主控项目的质量应经抽查检验合格;一般项目的质量应经抽查检验合格;有允许偏差值的项目,其抽查点应有80%以上在允许偏差的范围内,且最大偏差值不应超过允许偏差值的1.5倍;应具有完整的施工操作依据和质量检查记录。

分项工程质量验收合格应符合下列规定:分项工程所含检验批的质量均应验收合格;分项工程所含检验批的质量验收记录应完整。

分部或子分部工程质量验收合格应符合下列规定:所含分项工程的质量均应验收合格;质量控制资料应完整;安全与功能抽样检验应符合相关规范;观感质量应合格。

## 4.2.2 屋面防水工程质量检验判定标准

屋面防水工程质量检验合格判定标准应符合表 4-8 的规定。

**表 4-8 屋面防水工程质量检验合格判定标准**

| 工程类别 | 工程防水类别 | | |
| --- | --- | --- | --- |
| | 甲 类 | 乙 类 | 丙 类 |
| 屋面工程 | 不应有渗水,结构背水面无湿渍 | 不应有渗水,结构背水面无湿渍 | 不应有渗水,结构背水面无湿渍 |

### 4.2.3 卷材防水层质量验收要求与检验方法

按分项工程划分的检验批进行验收,检验批的质量验收分主控项目和一般项目。卷材防水层质量验收要求和检验方法如表4-9所示。

**表4-9 卷材防水层质量验收要求与检验方法**

| 项　目 | | 要　求 | 检验方法 |
|---|---|---|---|
| 主控项目 | 材料 | 防水卷材及其配套材料的质量应符合设计要求 | 检查出厂合格证、质量检验报告和进场检验报告 |
| | 防水层 | 卷材防水层不得有渗漏或积水现象 | 雨后观察或淋水、蓄水试验 |
| | 细部构造 | 卷材防水层及其变形缝、天沟、沟檐、檐口、泛水、变形缝和伸出屋面管道的防水构造应符合设计要求 | 观察检查 |
| 一般项目 | 防水层 | 卷材防水层的搭接缝应粘结牢固、密封严密,不得扭曲、褶皱和翘边 | 观察检查 |
| | | 防水层的收头应与基层粘结,钉压应牢固,密封应严密 | 观察检查 |
| | | 卷材的铺贴方向应正确,卷材搭接宽度允许偏差-10mm | 观察与尺量检验 |
| | 细部构造 | 屋面排气构造的排气道应纵横贯通,不得堵塞;排气管应安装牢固,位置应正确,封闭应严密 | 观察检查 |
| | 保护层 | 卷材防水层上撒布材料和浅色涂料保护层应铺撒和涂刷均匀、粘结牢固;水泥砂浆、块材或细石混凝土与卷材防水层间应设置隔离层;刚性保护层的分格缝设置应符合设计要求 | 观察检查 |

### 4.2.4 涂料防水层质量验收要求与检验方法

按分项工程划分的检验批进行验收,检验批的质量验收分主控项目和一般项目。涂料防水层质量验收要求和检验方法如表4-10所示。

**表4-10 涂料防水层质量验收要求与检验方法**

| 项　目 | | 要　求 | 检验方法 |
|---|---|---|---|
| 主控项目 | 材料 | 防水涂料、胎体增强材料、密封材料和其他材料必须符合质量标准和设计要求 | 检查出厂合格证、质量检验报告和现场抽样复验报告 |
| | 防水层 | 涂膜防水层不得有渗漏或积水现象 | 雨后观察或淋水、蓄水试验 |
| | 细部构造 | 在天沟、檐沟、檐口、水落口、变形缝和伸出屋面管道的防水构造必须严格按照设计要求施工,做到全部无渗漏 | 观察检查和检查隐蔽工程验收记录 |

续表

| 项 目 | | 要 求 | 检 验 方 法 |
|---|---|---|---|
| 一般项目 | 防水层 | 涂膜防水层的平均厚度应符合设计要求,涂膜最小厚度不应小于设计厚度的80% | 针测法或取样量测 |
| | | 防水层与基层应粘结牢固,表面平整,涂刷均匀,无流淌、褶皱、起泡、露胎体和翘边等缺陷 | 观察检查 |
| | 保护层 | 涂膜防水层上的撒布材料或浅色涂料保护层应铺撒或涂刷均匀,粘结牢固;水泥砂浆、块材或细石混凝土与涂抹防水层间应设置隔离层;刚性保护层的分格缝设置应符合设计要求,做到留设准确,不松动 | 观察检查 |

## 4.2.5 防水施工常见质量通病及防治措施

**1. 卷材防水施工常见质量通病及防治措施**

1)卷材起鼓

原因:基层潮湿,含水率过大,使卷材防水层内含有水分,受热后体积膨胀,形成大小不等的鼓泡;在施工过程中,铺贴卷材时压实不紧,导致有残留空气而形成鼓泡。

防治措施:基层应保持平整、清洁、干燥;不得在雨天、大雾、大风天施工,防止基层受潮后粘贴卷材;胶粘剂涂刷要均匀,卷材铺贴完,应及时用压辊滚压,排出卷材下面的残余空气;粘贴卷材时,不得用力拉伸卷材;不要过早撕掉卷材背面搭接部位的隔离纸,避免出现"超前"粘结现象;若起鼓范围较小,可用注射针头将空气吸出,卷材平整后,立即用密封胶封严;若起鼓范围较大,宜先将起鼓部分割去,露出基层,待基层干燥后,再依照防水层的施工方法修补。

2)卷材开裂

原因:主要是由于找平层不规则开裂。

防治措施:找平层按要求留设分格缝,缝宽5~20mm,纵横间距不宜大于6m;找平层洒水养护的时间不少于7d,确保找平层的质量。

3)卷材翘边

原因:基层不平整、不清洁、不干燥,收头时密封不好。

防治措施:基层要清理干净,确保基层干燥、平整、坚实;卷材收头时,要保证密封质量,细部施工时,要注意做好排水措施;对产生翘边的防水层,应先将翘边的部分割去,将基层打扫干净,再根据要求做好防水层。

4)卷材破损

原因:防水层施工后、固化前,未注意保护,被其他工序施工划伤。

防治措施:不得在五级以上大风时进行施工;粘铺卷材时,应注意与基准线对齐,以免出现偏差;在保护层施工前或施工过程中尤其要注意对成品保护;对于破损防水层,应将破损部位割去,露出基层并清理干净,再按照施工要求和顺序分层补做防水层。

**2. 涂膜防水施工常见质量通病及防治措施**

1）出现裂缝、脱皮、鼓泡、胎体裸露等缺陷

原因：基层不平整、不干燥，涂膜厚度不足，胎体增强材料铺贴不平整；基层表面有砂粒、杂物；涂料与基层的粘结性不良；各工序之间间歇时间不够。

防治措施：涂料施工前，应将基层表面清理干净，可选择基层处理剂等方法改善涂料与基层的粘结性能，待干燥后才可施工；应按设计厚度和规定的材料用量分层、分遍涂刷；铺贴胎体增强材料时，要边倒涂料、边推铺、边压实平整，铺贴最后一层胎体增强材料后，面层至少应再涂刷两遍涂料；根据涂层厚度与当时气候条件，试验确定合理的工序间歇时间，当夏天气温在30℃以上时，应尽量避开炎热的中午施工。

2）粘贴不牢

原因：基层表面不平整、不清洁，有起皮、起灰等现象。

防治措施：基层必须做到平整、坚实、干净、干燥；因基层不平整造成积水时，宜用涂料拌合水泥砂浆进行修补；凡有起皮、起灰等缺陷时，要及时用钢丝刷清除，并修补好。

3）保护层材料脱落

原因：保护层材料（如蛭石粉、云母片或细砂等）与涂料粘结不牢。

防治措施：保护层材料颗粒不宜过粗，使用前应筛去杂质、泥块，必要时，还应冲洗和烘干；在涂刷面层涂料时，应随刷随撒保护材料。

4）防水层破损

原因：在施工时，不注意成品保护；防水层施工完后，立即在屋面进行其他作业。

防治措施：按规范施工，待屋面上其他工程全部完工后，再做涂膜防水层，避免各工种交叉作业；防水层施工后一周内严禁上人。

📝 学习笔记

_____

_____

_____

_____

_____

_____

_____

_____

_____

_____

_____

_____

_____

_____

## 学生任务单

学生任务单见表 4-11。

表 4-11 学生任务单

| 基本信息 | 姓名 | | 班级 | | 学号 | |
|---|---|---|---|---|---|---|
| | 任务名称 | | | | | |
| | 小组成员 | | | | | |
| | 任务分工 | | | | | |
| | 完成日期 | | | 完成效果 | （教师评价） | |
| 明确任务 | 任务目标 | 1. 知识目标<br><br>2. 能力目标<br><br>3. 素质目标 | | | | |
| | 依据规范 | （建议学生指明具体条款） | | | | |
| 自学记录 | 课前准备 | （根据老师的课前任务布置,说明学习了什么内容,查阅了什么资料,浏览了什么资源等） | | | | |
| | 拓展学习 | （除了老师布置的预习任务,自己还学习了什么内容,查阅了什么资料等） | | | | |

| 任务<br>实施 | 重点记录 | （完成任务过程中用到的知识、规范、方法等） | | | | | |
|---|---|---|---|---|---|---|---|
| 任务<br>总结 | 存在问题 | （任务学习中存在的问题） | | | | | |
| | 解决方案 | （是如何解决的） | | | | | |
| | 其他建议 | | | | | | |
| 学习<br>反思 | 不足之处 | | | | | | |
| | 待解问题 | | | | | | |
| 任务<br>评价 | 自我评价<br>（100分） | 任务学习<br>（20分） | 目标达成<br>（20分） | 实施方法<br>（20分） | 职业素养<br>（20分） | 成果质量<br>（20分） | 分值 |
| | | | | | | | |
| | 小组评价<br>（100分） | 任务承担<br>（20分） | 时间观念<br>（20分） | 团队合作<br>（20分） | 能力素养<br>（20分） | 成果质量<br>（20分） | 分值 |
| | | | | | | | |
| | 教师评价<br>（100分） | 任务执行<br>（20分） | 目标达成<br>（20分） | 团队合作<br>（20分） | 能力素养<br>（20分） | 成果质量<br>（20分） | 分值 |
| | | | | | | | |
| | 综合得分 | 自我评价分值（30%）＋小组评价分值（30%）＋教师评价分值（40%） | | | | | |

## 任务练习

### 一、单项选择题

1. 檐沟和天沟的防水层下应增设附加层,附加层伸入屋面的宽度不应小于(　　)mm。

    A. 100

    B. 200

    C. 250

    D. 300

2. 屋面坡度大于(　　)时,应采取防滑施工安全措施。

    A. 10%

    B. 20%

    C. 30%

    D. 25%

3. 使用胎基为聚酯毡(PY)弹性体改性沥青防水卷材(SBS)铺贴多跨屋面时,应遵循(　　)的顺序。

    A. 先近后远、先高后低

    B. 先远后近、先高后低

    C. 先远后近、先低后高

    D. 先近后远、先低后高

4. 屋面防水工程中,不能作为一道防水层的是(　　)。

    A. 3.0mm SBS

    B. 2.0mm 聚氨酯防水涂料

    C. 40mm 厚细石混凝土刚性层

    D. 沥青瓦

5. 屋面工程涂膜防水层的最小厚度不得小于设计厚度的(　　)。

    A. 60%

    B. 70%

    C. 80%

    D. 90%

### 二、判断题

1. 40 厚细石混凝土刚性层可以作为屋面防水的一道防水层。　　　　　　　　　　(　　)

2. 找平层与凸出屋面结构的交接处和转角处均应做成圆弧,当使用高聚物改性沥青防水卷材时,圆弧半径为 50mm。　　　　　　　　　　　　　　　　　　　　　　　(　　)

3. 在屋面防水工程中,涂膜防水层的胎体增强材料长边搭接宽度不应小于 50mm,短边搭接宽度不应小于 70mm。　　　　　　　　　　　　　　　　　　　　　　　(　　)

# 单元检测四

## 一、单项选择题

1. 下列不属于涂膜防水屋面质量验收主控项目的是( )。

A. 防水涂料和胎体增强材料必须符合设计要求

B. 涂膜防水层不得有沾污或积水现象

C. 涂膜防水层在天沟、檐沟、檐口、水落口、泛水、变形缝和伸出屋面管道的防水构造必须符合设计要求

D. 涂膜防水层上的撒布材料或浅色涂料保护层应铺撒或涂刷均匀、粘结牢固

2. 下列关于刚性防水混凝土表面出现蜂窝、麻面、孔洞等质量缺陷的防治措施中不正确的是( )。

A. 可以自行调整混凝土配合比

B. 混凝土下料高度超过1.5m时,应设串筒或溜槽,浇筑应分层下料,分层振实,排除气泡

C. 模板拼缝应严密,必要时在拼缝处嵌腻子或粘贴胶带,防止漏浆

D. 在钢筋密集处及复杂部位,采用细石防水混凝土浇筑,大型埋管两侧应同时浇筑或加开浇筑口,严防漏振

3. 底板防水施工时,地下水位应降至混凝土底板迎水面500mm以下,是为了( )。

A. 减少浮力对结构影响　　　　　B. 有利于施工周期

C. 保证防水层施工质量　　　　　D. 保证混凝土施工质量

4. 水泥砂浆防水施工质量检查应按施工面积每100m² 抽查1处,每处10m²,且不得少于( )处。

A. 1　　　　　　B. 2　　　　　　C. 3　　　　　　D. 5

5. SBS卷材进场检验除了对物理性能进行抽样送检,还应对外观质量进行抽检,下列不属于外观质量检验的是( )。

A. 表面平整度　　　　　　　　　B. 是否有孔洞

C. 是否有未浸透露胎体现象　　　D. 是否美观

6. 根据《屋面工程质量验收规范》(GB 50207—2012),屋面找坡应满足设计排水坡度要求,结构找坡不应小于( )%,材料找坡宜为( )%。

A. 2;3　　　　　B. 3;2　　　　　C. 3;1　　　　　D. 2;1

7. 根据《屋面工程质量验收规范》(GB 50207—2012),找平层分格缝纵、横间距不宜大于( )m,分格缝的宽度宜为( )mm。

A. 6;5～20　　　B. 6;10～20　　　C. 8;5～20　　　D. 8;10～20

8. 根据《屋面工程质量验收规范》(GB 50207—2012),喷涂硬泡聚氨酯保温层表面平整度的允许偏差为( )mm。

A. 3　　　　　　B. 4　　　　　　C. 5　　　　　　D. 6

9. 根据《屋面工程质量验收规范》(GB 50207—2012),合成高分子防水卷材使用胶粘剂时,卷材搭接宽度应为( )mm。

    A. 30　　　　　　B. 50　　　　　　C. 60　　　　　　D. 80

10. 根据《屋面工程质量验收规范》(GB 50207—2012),厚度小于( )mm 的高聚物改性沥青防水卷材,严禁采用热熔法施工。

    A. 3　　　　　　　B. 4　　　　　　C. 5　　　　　　　D. 6

11. 根据《屋面工程质量验收规范》(GB 50207—2012),伸出屋面管道周围的找平层应抹出高度不小于( )mm 的排水坡。

    A. 30　　　　　　B. 50　　　　　　C. 60　　　　　　D. 80

12. 根据《屋面工程技术规范》(GB 50345—2012),屋面工程施工,当屋面坡度大于( )时,应采取防滑措施。

    A. 25%　　　　　B. 30%　　　　　C. 35%　　　　　D. 50%

13. 根据《屋面工程技术规范》(GB 50345—2012),找坡层和找平层的施工环境温度不宜低于( )℃。

    A. 0　　　　　　　B. 5　　　　　　C. −5　　　　　　D. 10

14. 根据《屋面工程技术规范》(GB 50345—2012),同一层相邻两幅卷材短边搭接缝错开不应小于( )mm。

    A. 300　　　　　B. 350　　　　　C. 400　　　　　D. 500

15. 根据《地下防水工程质量验收规范》(GB 50208—2011),涂料防水层的主控项目中,防水层的平均厚度应符合设计要求,最小厚度不得小于设计厚度的( ),应使用( )进行检验。

    A. 90%;针测法检查　　　　　　　　B. 85%;尺量检查

    C. 90%;尺量检查　　　　　　　　　D. 85%;针测法检查

16. 根据《地下防水工程质量验收规范》(GB 50208—2011),水泥砂浆终凝后应及时进行养护,养护温度不宜低于( )℃,并应保持砂浆表面湿润,养护时间不得少于( )d。

    A. 5;7　　　　　B. 3;14　　　　　C. 5;14　　　　　D. 3;7

17. 根据《地下防水工程质量验收规范》(GB 50208—2011),防水混凝土分项工程检验批的抽样检验数量,应按混凝土外露面积,每 100m² 抽查( )处,每处( )m²,且不得少于 3 处。

    A. 1;5　　　　　B. 2;5　　　　　C. 2;10　　　　　D. 1;10

**二、判断题**

1. 屋面卷材防水施工中,基层平整度的检验应用 2m 长直尺,把直尺靠在基层表面,直尺与基层间的空隙不得超过 10mm。　　　　　　　　　　　　　　　　　　( )

2. 在找平层与凸出屋面结构的交接处和转角处均应做成圆弧,当使用高聚物改性沥青防水卷材时,圆弧半径为 50mm。　　　　　　　　　　　　　　　　　　( )

3. 根据《地下防水工程质量验收规范》(GB 50208—2011),防水混凝土适用于抗渗等级不小于 P6 的地下混凝土结构。　　　　　　　　　　　　　　　　　　　( )

4. 水泥砂浆防水层适用于地下工程主体的迎水面或背水面,不适用于受持续振动或环境温度高于 60℃的地下工程。 （　　）

5. 根据《屋面工程质量验收规范》(GB 50207—2012),屋面防水工程完工后,应进行观感质量检查和雨后观察或淋水、蓄水试验,不得有渗漏和积水现象。 （　　）

6. 根据《屋面工程质量验收规范》(GB 50207—2012),屋面找坡层表面平整度的允许偏差为 7mm,找平层为 5mm。 （　　）

7. 根据《屋面工程质量验收规范》(GB 50207—2012),保护层采用细石混凝土时,分格缝纵、横间距不应大于 6m,分格缝的宽度宜为 10～25mm。 （　　）

8. 根据《屋面工程质量验收规范》(GB 50207—2012),屋面出入口的泛水高度不应小于 250mm。 （　　）

## 三、简答题

1. 明挖法地下工程的隐蔽工程有哪些检验内容?

_____

_____

_____

_____

2. 卷材防水屋面质量验收有哪些主控项目和一般项目?

_____

_____

_____

_____

3. 屋面防水施工过程中有哪些常见的质量通病?

_____

_____

_____

4. 卷材发生翘边现象有哪些原因? 如何防治?

_____

_____

_____

_____

# 模块 5 防水施工实训

## 任务 5.1 出屋面管道防水卷材技能操作实训

### 5.1.1 实训用材料工具和模型

#### 1. 实训用材料及工具

出屋面管道防水卷材技能操作实训用材料及工具如表 5-1 所示。

表 5-1 实训用材料及工具

| 序号 | 材料及器具 | 规　　格 | 单位 | 数量 |
|---|---|---|---|---|
| 1 | SBS 改性沥青防水卷材 | 热熔型 | 卷 | 1 |
| 2 | 密封胶/胶枪 | 高分子密封胶 | 支胶/枪 | 1 |
| 3 | 液化气 | 5kg | 个 | 1 |
| 4 | 喷枪 | 液化气喷枪 | 个 | 1 |
| 5 | 热风焊枪 | 220V,1600W | 个 | 1 |
| 6 | 灭火器 | 泡沫灭火剂 | 个 | 1 |
| 7 | 压辊 | 2寸 | 个 | 1 |
| 8 | 卷尺 | 2m | 把 | 1 |
| 9 | 墨斗 | 画线 | 个 | 1 |
| 10 | 剪刀 | 裁剪卷材用 | 把 | 1 |
| 11 | 木板 | 裁剪卷材用 | 个 | 1 |
| 12 | 铲刀 | 封边、刮胶用 | 个 | 1 |
| 13 | 金属箍 | 直径不小于120mm | 个 | 1 |
| 14 | 螺丝刀等小型工具 | 紧固螺丝用 | 套 | 1 |
| 15 | 防护用品 | 工作服、工作鞋、手套、口罩等 | 套 | 1 |

#### 2. 实训用模型

采用热熔 SBS 改性沥青防水卷材完成出屋面管道及周边防水卷材的施工,以出屋面管道为中心,铺贴防水卷材。模型及尺寸如图 5-1 所示。

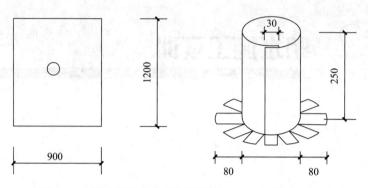

图 5-1  出屋面管防水卷材实训用模型及尺寸(单位:mm)

## 5.1.2  操作要求

**1. 实训准备**

(1)防护用品佩戴:要求穿工作服、工作鞋、戴手套、口罩等防护用品。

(2)材料及工具检查:检查防水材料、工具、辅助材料等是否齐全,是否有损坏现象。

**2. 实训要求**

(1)出屋面管道直径为 110mm,出屋面管道根部采用卷材包裹,高度 250mm±5mm,包裹卷材自行搭接宽度为 30mm±5mm。

(2)管根防水层上口用金属箍固定,金属箍上口与卷材上口齐平,并用高分子密封胶密封。

## 5.1.3  评分细则

出屋面管道防水卷材技能操作单项满分为 100 分,材料节约、安全、文明施工满分为 100 分,两项得分比例如下:出屋面管道防水卷材技能操作占 70%,材料节约、安全、文明施工占 30%。两项累加得分为技能操作总分,最终分数四舍五入,计整数分值。具体评分见评分标准中表 5-2 和表 5-3。

表 5-2  出屋面管道防水卷材技能操作标准及评分表

| 序号 | 内容 | 满分 | 标准/检测 | | 扣分 | | 得分 |
|---|---|---|---|---|---|---|---|
| 1 | 基层处理 | 5 | 基层平整、干燥、冷底子油涂刷均匀 | 任检1处 | 冷底子油涂刷不均匀 | -2 | |
| | | | | | 未进行基层处理 | -5 | |
| 2 | 卷材与基层粘结 | 10 | 粘结面 90% 以上 | 检测2处 | 粘结面 80%~90%(含) | -2 | |
| | | | | | 粘结面<80% | -5 | |

续表

| 序号 | 内容 | 满分 | 标准/检测 | | 扣　分 | | 得分 |
|---|---|---|---|---|---|---|---|
| 3 | 卷材裁剪尺寸 | 10 | 按规范裁剪 | 任检2处 | 误差≤±5mm | －2 | |
| | | | | | 误差＞±5mm | －5 | |
| 4 | 卷材包裹管道高度 | 10 | 250mm±5mm | 任检1处 | 235～245mm（含）或255～270mm（含） | －5 | |
| | | | | | ＜235mm或＞270mm | －10 | |
| 5 | 包裹管道卷材搭接宽度 | 10 | 30mm±5mm | 任检2处 | 20～25mm（含）或35～45mm（含） | －2 | |
| | | | | | ＜20mm或＞45mm | －5 | |
| 6 | 卷材管根"裙分"处理 | 10 | "裙分"长度80mm±5mm | 任检2处 | 70～75mm（含）或85～95mm（含） | －2 | |
| | | | | | ＜70mm或＞95mm | －5 | |
| 7 | 管道卷材上部收头金属箍固定 | 10 | 金属箍固定牢固无松动 | | 无金属箍或金属箍未箍紧,可转动 | －10 | |
| 8 | 管道卷材上部收头用密封胶封口 | 10 | 上口卷材与管道之间缝隙完全封闭 | | 上口无密封胶封口或密封胶未完全密封 | －10 | |
| | 管道卷材下部管根阴角用密封胶密封 | 10 | 下部管根阴角密封胶应填满卷材分叉点 | | 下口密封胶未完全填满卷材分叉点 | －10 | |
| 9 | 卷材表观铺贴质量 | 5 | 卷材无褶皱 | 防水层表面 | 1处褶皱 | －2 | |
| | | | | | 2处及以上褶皱 | －5 | |
| | | 5 | 卷材表面无污染或膜面破损 | 防水层表面 | 1处污染或膜面破损 | －2 | |
| | | | | | 2处及以上污染或膜面破损 | －5 | |
| | | 5 | 卷材无穿透性破损 | 防水层 | 1处穿透性破损 | －2 | |
| | | | | | 2处及以上穿透性破损 | －5 | |

第　组,得分：

评分人：

表5-3　材料节约、安全、文明施工评分表

| 序号 | 内容 | 满分 | 标准/检测 | | 扣分 | 得分 |
|---|---|---|---|---|---|---|
| 1 | 材料节约 | 30 | 防水卷材 | 超用≤10mm×10mm | －15 | |
| | | | | 超用＞10mm×10mm | －30 | |
| 2 | 安全 | 40 | 人身安全 | 操作过程发生自己或造成他人割破手、扭伤等 | －40 | |

续表

| 序号 | 内容 | 满分 | | 标准/检测 | 扣分 | 得分 |
|------|------|------|------|------------|------|------|
| 3 | 文明施工 | 30 | 穿着工作服、工作鞋 | 穿着不利于施工操作的服饰和无罗口的长袖、工作服不扣纽扣敞开穿着、穿着不利于施工操作的拖鞋等 | −10 | |
| | | | 完工后工位物品摆放整齐 | 未进行整理 | −10 | |
| | | | 地面干净,无垃圾 | 未进行整理 | −10 | |

第　　组,得分:

评分人:

📝 **学习笔记**

# 任务 5.2 防水工程施工方案编制

## 5.2.1 任务书

某小区建筑高 16 层(地下一层),一层层高为 5.4m,标准层层高为 3.9m,设计使用年限为 50 年,抗震等级为四级,抗震设防烈度为 6 度,防水工程的面积约 4500m²,主要包括地下室、厨房、厕浴间、外墙、屋面等防水工程,施工周期 3 个月。编制该工程的施工方案。

## 5.2.2 评分细则

防水工程施工方案编制评分细则见表 5-4。

表 5-4 防水工程施工方案编制评分细则

| 序号 | 内容 | 要点 | 满分 | 标 准 | 扣分 | 得分 |
|---|---|---|---|---|---|---|
| 1 | 工程概况 | 建设场地情况、施工条件、主要施工特点等 | 10 | (1) 方案完整、可行,能完全满足项目实施要求,得 8～10 分;<br>(2) 方案较具体、可行,能基本满足项目实施要求,得 6～7 分;<br>(3) 方案内容较简单,对项目实施要求响应一般,得 1～5 分;<br>(4) 方案未包含本项内容得 0 分 | | |
| 2 | 施工准备 | 技术准备、物资准备、劳动力和组织准备、施工现场准备和施工场外准备等 | 10 | (1) 方案完整、可行,能完全满足项目实施要求,得 8～10 分;<br>(2) 方案较具体、可行,能基本满足项目实施要求,得 6～7 分;<br>(3) 方案内容较简单,对项目实施要求响应一般,得 1～5 分;<br>(4) 方案未包含本项内容得 0 分 | | |
| 3 | 施工现场平面布置 | 平面布置和临时设施、临时道路布置 | 10 | (1) 方案完整、可行,能完全满足项目实施要求,得 8～10 分;<br>(2) 方案较具体、可行,能基本满足项目实施要求,得 6～7 分;<br>(3) 方案内容较简单,对项目实施要求响应一般,得 1～5 分;<br>(4) 方案未包含本项内容得 0 分 | | |
| 4 | 施工进度 | 工程总控制进度计划、详细进度计划、劳动力需要量计划等 | 15 | (1) 方案完整、可行,能完全满足项目实施要求,得 12～15 分;<br>(2) 方案较具体、可行,能基本满足项目实施要求,得 8～11 分;<br>(3) 方案内容较简单,对项目实施要求响应一般,得 1～7 分;<br>(4) 方案未包含本项内容得 0 分 | | |

续表

| 序号 | 内容 | 要点 | 满分 | 标　　准 | 扣分 | 得分 |
|---|---|---|---|---|---|---|
| 5 | 施工工艺 | 关键施工技术、工艺及工程项目实施的重点与难点和解决方案 | 20 | (1) 方案完整、可行,能完全满足项目实施要求,得 16～20 分;<br>(2) 方案较具体、可行,能基本满足项目实施要求,得 10～15 分;<br>(3) 方案内容较简单,对项目实施要求响应一般,得 1～9 分;<br>(4) 方案未包含本项内容得 0 分 | | |
| 6 | 施工机械、设备和材料 | 施工机械、设备、材料的配置、选型、价格、供费计划和提供方式等 | 15 | (1) 方案完整、可行,能完全满足项目实施要求,得 12～15 分;<br>(2) 方案较具体、可行,能基本满足项目实施要求,得 8～11 分;<br>(3) 方案内容较简单,对项目实施要求响应一般,得 1～7 分;<br>(4) 方案未包含本项内容得 0 分 | | |
| 7 | 劳动力配备 | 施工技术组的组成、人数、资质、工种安排等 | 10 | (1) 方案完整、可行,能完全满足项目实施要求,得 8～10 分;<br>(2) 方案较具体、可行,能基本满足项目实施要求,得 6～7 分;<br>(3) 方案内容较简单,对项目实施要求响应一般,得 1～5 分;<br>(4) 方案未包含本项内容得 0 分 | | |
| 8 | 安全文明施工 | 安全文明施工的措施 | 10 | (1) 方案完整、可行,能完全满足项目实施要求,得 8～10 分;<br>(2) 方案较具体、可行,能基本满足项目实施要求,得 6～7 分;<br>(3) 方案内容较简单,对项目实施要求响应一般,得 1～5 分;<br>(4) 方案未包含本项内容得 0 分 | | |

第　　组,得分:
评分人:

📝 学习笔记

_____

_____

_____

_____

_____

_____

_____

_____

_____

_____

# 参考文献

[1] 中华人民共和国住房和城乡建设部. 建筑与市政工程防水通用规范:GB 55030—2022[S]. 北京:中国建筑工业出版社,2022.

[2] 中华人民共和国国家质量监督检验检疫总局. 高分子防水材料 第 2 部分——止水带:GB/T 18173.2—2014[S]. 北京:中国标准出版社,2014.

[3] 程建伟,周园. 建筑防水设计与施工[M]. 北京:中国建筑工业出版社,2021.

[4] 程建伟,周园,张广辉. 建筑防水施工实训[M]. 北京:中国建筑工业出版社,2022.

[5] 钟汉华. 屋面与防水工程施工[M]. 北京:北京邮电大学出版社,2020.

[6] 曹磊,赵淑萍. 屋面与防水工程施工[M]. 2 版. 重庆:重庆大学出版社,2019.

[7] 陈安生,蒋荣. 防水工程施工[M]. 2 版. 北京:化学工业出版社,2015.